Frank Marx

Tödliche Schräglage

Motorrad-Krimi

1. Auflage 2010

Foto: Kawasaki
Lektorat und Korrektorat: Sylva Harasim
Gestaltung: Sylva Harasim
Druck und Bindung: CPI - Ebner & Spiegel

ISBN 978-3-933385-50-5

Frank Marx

Tödliche Schräglage

Motorrad-Krimi

HIGHLIGHTSVERLAG

1.

Der Waldrand in seinem Blickfeld kippte in Schräglage. Die Fußraste bekam Bodenkontakt und drückte seinen Fuß sanft hoch. Knapp über dem Boden flog er um die Kurve, richtete das Motorrad auf und steuerte auf den kleinen Parkplatz. Er ließ die Bulldog noch ein wenig ausatmen und drehte ihr dann den Zündfunken ab.

Der heiße Motor knackte in der Stille des Waldes. Wunderbare Sommerluft lag über der Lichtung. Er kickte den Seitenständer heraus und schwang sich von der Yamaha. Gut, das war gut. Schon bei der ersten Ausfahrt des Jahres hatte er eine perfekte Motorradstrecke gefunden. Kurve um Kurve durch dieses Eifeler Wäldchen, in Einhundertachtzig-Grad-Kehren den Berg hoch und in langen, schnellen Schwüngen wieder hinunter in das Tal. Er streckte sich und ging um die Bulldog herum. Flirrende Hitze stieg von dem V-Motor auf. Er zündete sich eine Zigarette an und starrte geistesabwesend in den Wald. Die Vibrationen des Motors und das Schwingen in den Kurven klangen in ihm nach.

Irgendetwas Rotes in seinem Blickfeld passte nicht zu dem Grün des Waldes. Vielleicht hatte jemand einen kaputten Plastikeimer weggeworfen. Ducati-Rot, registrierte er automatisch. Er machte einen Schritt nach vorne.

Das war kein Eimer. Er machte noch einen Schritt. Das war die Heckverkleidung einer 900 SS. Er ging langsam. Erst sah er die Sitzbank und den Tank, dann den Rest der Ducati. Sie lag auf dem Rücken, die Vordergabel unnatürlich nach hinten gedrückt. Er ging vorsichtig um das Wrack herum. Seine Nackenhaare richteten sich auf. Wo war der Fahrer? Vom Vorderrad aus konnte er erkennen, wo die Ducati sich einen Weg durch das Wäldchen gepflügt hatte. Falls der Fahrer zu diesem Zeitpunkt noch darauf gesessen hatte, musste er irgendwo in der Verlängerung dieser Linie zu finden sein. Er drehte sich um und stieß beinahe gegen eine große Fichte direkt hinter sich. In Brusthöhe fehlte ein Stück Rinde und Harz perlte wie honigfarbenes Blut aus dem weißen Holz des Stammes. Zwei Schritte dahinter sah er einen Motorradstiefel. Noch einen Schritt und er sah, wem er gehört hatte. Wie viel Vergnügen dem Mann vor ihm auf dem Boden diese Frühjahrstour auch gemacht haben mochte, jetzt war er eindeutig tot.

2.

Axel Schröder lebte seit fünf Tagen von Schoko-Müsli. Am Samstag war der Umzugswagen vorgefahren. Die Männer zeigten ihm die Liste, die er zusammen mit Renate beim Scheidungsanwalt unterschrieben hatte. Sie nahmen den Kühlschrank mit, die Einbauküche mit dem Vorratsschrank und die Mikrowelle. Zurück blieb eine Familienpackung Schoko-Müsli, die sich hinter einem Vorhang auf dem Fensterbrett versteckt hatte. Also saß er in der halbdunklen Küche auf den kalten Fliesen und frühstückte trockenes Schoko-Müsli direkt aus der Packung.

Er stand unter Schock, aber er wollte ins Präsidium. Tatsächlich war er schon früher lieber zur Arbeit gegangen, als zu lange zuhause zu bleiben. Wahrscheinlich war das irgendwann auch Renate aufgefallen. Er schüttelte die letzten Müsliflocken in sich hinein und kaute tapfer. Die Packung war leer. Zeit für einen Großeinkauf. Zeit für einen Neuanfang. Seine Schritte hallten gespenstisch durch die fast leere Wohnung. Auf dem Teppichboden im Wohnzimmer markierten Abdrücke, wo das Bücherregal gestanden hatte. Seine Schallplattensammlung verteilte sich jetzt in Stapeln entlang der Wand. Im Schlafzimmer fehlte der Schrank, seine Kleidung lag in einem wilden Haufen in der Ecke. Die Kommode hatte Renate nicht angerührt, sie hatte das alte Familienerbstück noch nie gemocht. Aber warum war das Ehebett zurückgeblieben?

Axel schlenderte durch den leeren Flur. Im Spiegel an der Garderobe stand er sich gegenüber, mittelgroß, mittelalt, blonde Haare, Seehundsblick. Er zog den Bauch ein, versuchte mit den Augen zu lächeln und nahm sich vor, sich selbst nicht Leid zu tun. Axel steckte seine Walther PK in das Holster und suchte geistesabwesend nach dem BMW-Schlüssel auf dem Schlüsselbrett. Sein letzter Blick auf Renate fiel ihm wieder ein, wie sie mit Vollgas im BMW davonfuhr. Seufzend nahm er den Schlüssel für das Wohnmobil und trat vor die Tür des Einfamilienhauses. Es war bereits warm, ein weiterer schöner Sommertag kündigte sich an. Er schwang sich in die Kabine des Wohnmobils und warf den Motor an. Der Verkehr auf der Dorfstraße war morgens so dicht wie in der Innenstadt, er musste eine Minute warten, bevor er sich in die Schlange der Pendler einreihen konnte. Auf dem Armaturenbrett blinkte hektisch eine Warnleuchte, er musste dringend tanken. Deshalb fuhr er nach wenigen hundert Metern auf die alte Dorf-Tankstelle. Eine geschwungene Beton-Muschel überspannte das Museumsstück, an der ein echter Tankwart mit einem grünen Jägerhut auf dem Kopf die Zapfsäulen bediente. Weil zu wenige Kunden dieses denkmalgeschützte Szenario zu schätzen wussten, hatte der Mann absurderweise ein Internet-Café in das Tankstellenhäuschen integriert. Ab und zu hockten Kids vor dem einsamen Computerbildschirm, aber meistens saß der Tankstellenbesitzer selbst davor und wartete auf Kundschaft.

Axel stieg aus und öffnete den Tankverschluss. Der Tankwart nickte ihm kurz zu, hantierte dann schweigend mit der Zapfpistole. Der Jägerhut war wie der förstergrüne Geländewagen neben dem Häuschen wahrscheinlich ein Hinweis auf die Jagdleidenschaft des Mannes. Axel wurde das Schweigen unbehaglich.

„Na, hat die Jagdsaison schon begonnen?", fragte er unvermittelt den Mann neben sich. Der blickte irritiert auf und verzog dann das Gesicht zu einem schmalen Grinsen.

„Kann man so sagen, ja."

Axel schaute den Mann aufmunternd an, aber mehr kam da nicht. Das war schon ein Kauz! Axel bezahlte und machte sich wieder auf den Weg.

Seit das Kölner Polizeipräsidium von der Innenstadt auf die andere Rheinseite umgezogen war, konnte Axel jeden Morgen entscheiden, über welche Rheinbrücke er fahren wollte. Er liebte die vier Kurven durch das Wasserwerkswäldchen auf dem Weg zur Rodenkirchener Autobahnbrücke, deshalb bog er von der Hauptstraße ab und ließ das Wohnmobil durch die Kurven schwingen. Mit dem Oberkörper legte er sich ein wenig in die Kurven und dachte an seine Honda in der Garage. Wann war er zuletzt mit der CB 750 unterwegs gewesen? Nicht im vergangenen Sommer, vielleicht noch nicht einmal im Jahr davor. Wie schon oft in den letzten Tagen nahm er sich vor, die Honda am Abend in der Garage zu besuchen.

Am Verteilerkreis zwängte er sich in die Spur für die Autobahnauffahrt und rollte mit dem allgemeinen Stau über die Rheinbrücke. Der Dom glänzte matt im Dunst des frühen Tages. Ab dem Gremberger Kreuz wurde der Verkehr dichter, das Wohnmobil zockelte im ersten Gang dahin. Immer wieder wurde Axel rechts und links von Motorradfahrern überholt, die zwischen den Spuren an ihm vorbeizogen. Das war nicht erlaubt, aber Axel hätte gerne mit ihnen getauscht.

Der Parkplatz am Polizeipräsidium war nicht für Wohnmobile ausgelegt. Axel musste vor- und zurücksetzen, um sich vorsichtig auf seinen Platz zu zwängen. Er war sicher, dass einige Kollegen an den Fenstern des Hochhauses standen und ihm zusahen. Als er gerade abschloss, parkte gegenüber schwungvoll ein Kollege von der Sitte ein.

„Uiiiih, fettes Auto fährst du da. Dein BMW wird dir wohl zu klein, was?", feixte der durch das heruntergelassene Fenster. Axel sagte nichts und stapfte Richtung Aufzug davon. Der Kollege war frisch verheiratet. Eines Tages konnten auch bei ihm die Möbelpacker vor der Tür stehen.

Glücklicherweise war noch Kaffee in der Kaffeemaschine. Er füllte einen großen Becher bis zum Rand und öffnete wie jeden Morgen den Kühlschrank, um auf die aufgeblähte Milchpackung zu starren. Mittlerweile hoffte er nicht mehr, frische Milch vorzufinden. Er wollte es nur nicht verpassen, wenn die Packung endlich explodierte.

Ein zerknitterter Express von den Kollegen der Frühschicht lag neben der Kaffeemaschine. Axel klemmte die Zeitung unter den Arm, balancierte die Tasse in sein Büro und setzte sich an seinen Schreibtisch. Unerledigte Aktenvorgänge stapelten sich in der rechten Ablage und links waren zwei neue dazugekommen. Axel breitete die Zeitung darüber aus.

Fette Buchstaben liefen über die ganze Seite: *290 km/h auf der Zoobrücke - Neuer Rekord des Dark Riders!* Darunter das Radarfoto eines schwarzen Motorrads, auf dem ein Fahrer mit dunklem Visier am Integralhelm hing und mit Zeigefinger und kleinem Finger der linken Hand den Satansgruß machte. Axel stellte sich vor, bei Tempo zweihundertneunzig eine Hand vom Lenker zu nehmen und schüttelte den Kopf. Mit seiner alten Honda war er früher manchmal mit Vollgas über die Autobahn nach Bonn und wieder zurück gedonnert. Obwohl sein Kinn dabei auf dem Tank lag und ihm sein Helm fast in den Nacken rutschte, war er niemals schneller als einhundertsechzig gewesen. Aber das war ewig her. Heutzutage fuhren Rennmotorräder auf den Straßen und Leute wie der Dark Rider machten sich einen Spaß daraus, mit der Polizei Hase und Igel zu spielen. Immer wieder tauchte er auf dem Kölner Autobahnring auf, mit einem hochgebogenen, nicht lesbaren Nummernschild und einem dunklen Visier, raste zwischen den Wagenkolonnen durch, fuhr bei hoher Geschwindigkeit auf dem Hinterrad und verschwand an einer der vielen Abfahrten so schnell, wie er gekommen war. Politiker und der ADAC forderten seine Festnahme und die Polizei hätte ihn liebend gerne gestoppt, aber trotz Einsatz von Blaulicht und Martinshorn konnten Streifenwagen nicht an dem Motorrad dranbleiben. Bis Hubschrauber vor Ort waren, verschwand der Dark Rider wie vom Erdboden verschluckt. Das Motorrad war eindeutig eine Hayabusa. Die Polizei checkte alle schwarzen Hayabusas in Nordrhein-Westfalen, fand jedoch keine Hinweise. Der Dark Rider war nicht zu fassen.

„Das hat gerade noch gefehlt!"

Die wuchtige Gestalt von Hauptkommissar Behrend stand plötzlich an Axels Schreibtisch.

„Erst das hier und jetzt auch noch dieser Irre auf Seite eins."

Er knallte eine Akte auf den Tisch. Behrend hatte eine ungestüme Art, seinen massigen Körper einzusetzen, die ihn kindisch wirken ließ. An den scharf blickenden Augen konnte man aber ablesen, dass es besser war, ihn nicht zu unterschätzen.

„Schauen Sie sich das mal an!"

Axel öffnete den Aktendeckel und blätterte durch die Seiten.

Vor drei Tagen hatte ein Motorradfahrer bei einem Stopp in einem Waldgebiet einen toten Ducati-Fahrer gefunden, höchstwahrscheinlich die Folge eines selbstverschuldeten Unfalls.

Axel richtete einen leeren Blick auf Behrend, der mit den Händen auf dem Rücken dastand.

„Na ja, ein tödlicher Verkehrsunfall, dazu noch in einem anderen Bundesland. Leider sterben jedes Jahr Motorradfahrer. Warum ist der Unfall ungewöhnlich?"

Behrend beugte sich über Axel und sprach langsam wie zu einem Kind.

„Weil der Tote aus Köln kam und bei Trittscheid in der Eifel gefunden wurde. Bereits vor drei Wochen verunglückte genau an dieser Stelle ein Motorradfahrer tödlich und in der Uniklinik in Köln liegt zurzeit ein weiterer Motorradfahrer im Koma, den man vor acht Tagen dort auffand. Es mag ja besonders gefährliche Unfallschwerpunkte geben, aber drei solcher Unfälle in drei Wochen? Das sprengt jede Statistik!"

Axel sah Behrend abwartend an. Er hatte seinen Vorgesetzten in den letzten Jahren schätzen gelernt. Behrend machte sich seine eigenen Gedanken und ließ sich durch nichts aufhalten, wenn er einer Spur folgte. Und er stand hinter seinen Leuten.

„Ich möchte, dass Sie sich damit beschäftigen. Und Schröder", bei diesen Worten setzte sich Behrend auf Axels Schreibtisch, senkte die Stimme und legte ihm eine Hand auf die Schulter, „ich befreie Sie von allen anderen Fällen, die Sie zurzeit bearbeiten."

Er sah verlegen an Axel vorbei zu Boden.

„Ich habe gehört, was bei Ihnen los ist und vielleicht, nun vielleicht tut Ihnen dieser Fall gut."

Axel hob protestierend die Hände.

„Was bei mir los ist, hat keinen Einfluss auf meine Arbeit. Ich brauche keine Extrawurst, Chef. Ich bin voll einsatzfähig!"

Behrends Hand auf Axels Schulter wurde schwerer. Axel verstummte. Behrend hob den Blick und fixierte ihn mit seinen verhörgeprüften Hauptkommissars-Augen.

„Ich weiß, wie es Ihnen geht, Schröder. Dass ich Ihnen den

Fall übertrage, hat rein sachliche Gründe. Sie sind doch selbst Motorradfahrer, wenn ich mich recht erinnere."

„Ich bin seit Jahren nicht mehr gefahren", protestierte Axel.

„Haben Sie Ihre Maschine noch?", fragte Behrend in vertraulichem Ton wie ein Pfarrer.

„Ja, aber sie hat keinen TÜV mehr und ..."

„Dann ist ja alles klar. Schröder, legen Sie los!", unterbrach ihn Behrend. Axel hatte das Gefühl, als wollte Behrend ihn so schnell wie möglich aus dem intimen Gespräch entlassen.

„Schauen Sie sich mal in der Szene um. Finden Sie heraus, ob das alles Zufall ist oder ob mehr dahinter steckt."

Er zog eine alberne Grimasse und grinste Axel augenzwinkernd an. Etwas, das man nicht alle Tage sah.

„Der wahre Grund für meinen Vorschlag ist egoistisch. Wenn Sie ab jetzt mit dem Motorrad fahren, ist ihr Wohnmobil auch nicht mehr im Weg. Ich komme nämlich kaum noch auf meinen Parkplatz."

Er nahm den Express von Axels Tisch und ging zur Tür. Schon im Türrahmen, drehte er sich noch einmal um.

„Schröder, unter uns gesagt."

Axel blickte erwartungsvoll auf.

„Sie haben Müsli auf den Zähnen kleben. Sieht bescheuert aus."

Pfeifend verschwand Behrend durch die Tür.

Axel rieb sich mit dem Zeigefinger über die Zähne und blätterte seufzend in der Akte. Verkehrsunfälle sollten ihn also auf andere Gedanken bringen. Einfühlsame Chefs waren immer gefährlich.

Aber das Aktenstudium nahm ihn schnell gefangen. Die Beschreibungen und Bilder ließen in seiner Fantasie lebendige Szenen entstehen, in die er hinabtauchen konnte. Das erste Opfer, der dreißigjährige Gunnar Droste, war bald nach seinem

Unfall gefunden worden. Ein anonymer Anrufer, eine Frau, hatte die Unglücksstelle der GSX-R 1000 genau beschrieben. Als der Rettungswagen und die Polizei dort eintrafen, war Gunnar Droste allerdings schon tot. Stumpfe Gewalteinwirkung im Schädelbereich war die eindeutige Todesursache, der Bericht des Gerichtsmediziners ließ aber offen, wie und warum der Fahrer seinen Integralhelm verloren hatte. Der leicht zerkratzte Helm lag mehr als zwanzig Meter von dem Toten entfernt nahe an der Straße. Der Kinnriemen war offen, aber nicht zerrissen. Die Sanitäter und Polizisten hatten einen tödlich Verunglückten geborgen und keinen Grund gesehen, mögliche Beweise für ein Verbrechen zu sammeln. Also waren alle Fußabdrücke oder andere Spuren zerstört, als Ermittler am nächsten Tag zum Unfallort fuhren.

Sie suchten ein Baumstück oder einen Stein, der eindeutig zu der Kopfwunde des Opfers passen und die Unfalltheorie stützen würde, aber es war nicht möglich, den Wald vor lauter Bäumen zu finden und so blieb der abschließende Bericht vage.

Der zweite Motorradfahrer, der fünfundzwanzigjährige Jan Keimel, wurde ohne einen anonymen Anrufer gefunden, weil seine giftgrüne Kawasaki ZX-6R gut sichtbar in Kopfhöhe in einer Tanne hing. Ein Bauer auf seinem Trecker sah die Kawasaki, machte sich die richtigen Gedanken und einen Waldspaziergang, bis er den Fahrer fast vierzig Meter von der Straße entfernt entdeckte. Er lag mit offenen Augen auf dem Rücken und atmete noch. Jan Keimel war offensichtlich durch das Wäldchen geflogen, ohne frontal mit einem Baum zu kollidieren. Die Verletzungen waren allerdings trotzdem so schlimm, dass der Mann seither auf der Intensivstation im Koma lag und die Ärzte noch keine Prognose für den weiteren Genesungsverlauf wagten.

Falls er wieder aufwachen sollte, würde der Stationsarzt Axel anrufen und der wusste bereits, welche Frage er Jan Keimel als erste stellen wollte: Weshalb er seinen Helm abgenommen und mit sorgfältig verschlossenem Kinnriemen an den Straßenrand gelegt hatte, bevor er mit circa einhundertzwanzig Sachen in das Unterholz eingebrochen war.

Das letzte Opfer, der neununddreißigjährige Markus Döhner, trug seinen Helm fest und sicher auf dem Kopf. Leider hatte ihm das nichts genutzt, als sein Oberkörper mit einer massiven Fichte kollidiert war. Auch er war mit seiner Ducati ziemlich schnell gefunden worden. Der Motorradfahrer, der schwer erschüttert bei der Polizei in Daun vorgefahren war, um seinen Fund zu melden, gab zu, dass ihn die Unfallmeldungen in der Zeitung auf das Straßenstück neugierig gemacht hatten. Die Kurven und Steigungen rund um den Unfallort waren für Motorradfahrer sehr attraktiv und der Parkplatz am Waldrand bot die perfekte Gelegenheit für eine Pause vor der nächsten Runde.

Axel suchte nach Fotos und Zeichnungen des Unfallorts, fand aber nur eine oberflächliche Skizze der Beamten, die nach dem ersten Toten das Waldstück besucht hatten. Axel schüttelte ärgerlich den Kopf. Offensichtlich waren alle Beteiligten davon überzeugt, dass sich zufällig drei Unfälle an einem gefährlichen Straßenabschnitt ereignet hatten.

Die drei Unfallmotorräder waren zwar als mögliche Beweisstücke nach Köln transportiert worden und standen nun irgendwo in der Tiefgarage des Polizeipräsidiums. Aber niemand hatte am Unfallort die kriminaltechnischen Untersuchungen eines möglichen Schwerverbrechens durchgeführt. Axel würde sich die Gegend genauer ansehen, aber zunächst interessierte ihn das Umfeld der Opfer. Axel beschloss, mit Markus Döhner anzufangen.

3.

„Ich höre, du bist schneller als der Dark Rider?! :-)" Mit der Tastatur wurde ein Smiley am Ende des Satzes eingefügt.

„Das ganze Gequatsche um den Dark Rider geht mir auf die Nerven. Show machen ist eins, einen heißen Reifen fahren etwas anderes. Und grins' mich nicht so blöd an!"

„Du wagst es also, den Dark Rider herauszufordern?"

„Warum nicht? Soll ich Angst vor dir haben? Ich lache mich tot! :-D" Die Zeichen auf dem Bildschirm sollten diesmal einen laut lachenden Mund darstellen.

„Ganz wie du willst! Das lässt sich arrangieren ..."

4.

Axel stand vor der abblätternden Wohnungstür eines Altbaus in Ehrenfeld und suchte nach dem richtigen Schlüssel an Markus Döhners Schlüsselbund. Die Akte hatte nicht viele Informationen über ihn enthalten. Er war Siebdrucker in einer Textildruckerei, nicht verheiratet und nicht vorbestraft. Und nicht besonders ordentlich, wie Axel feststellte, als er die Wohnungstür einen Spalt öffnete und ihm eine Plastiktüte mit Küchenabfällen entgegenfiel. In der Wohnung war es sehr still. Axel war diese Stille schon oft aufgefallen, wenn er die Wohnung eines Toten durchsuchte. Wahrscheinlich war es nur die eigene Fantasie, die sie so bedeutsam werden ließ. Axel inspizierte die Zimmer, wühlte in Kleiderschränken, zog Schubladen auf und hockte sich hin, um unter das Bett zu gucken. Allmählich fiel ihm auf, wie oft das leuchtende Ducati-Rot in der Wohnung zu finden war. Im Flur hing eine abgetragene Lederkombi in dieser Farbe, auf der Spüle stand eine große rote Kaffeetasse mit dem Schriftzug der Motorradmarke und selbst die Bettwäsche war von einem Rot, das vor vielen Wäschen einmal dem Originalton nahe gekommen war. Ansonsten hatte Markus Döhner nicht viel Wert auf Wohnungseinrichtung gelegt. Ikea-Möbel standen herum, die Küche war halb leer und die Wände waren kahl. Nur rund um den Schreibtisch hatte Döhner Fotos und Poster an die Wand geklebt. Motorradfahrer in Rennkombis hingen in satter Schräglage in Kurven und ließen ein Knie über den Boden schleifen, eine rote Ducati war aus allen möglichen Perspektiven fotografiert und auf einem der Fotos saß ein Mann auf der Ducati und grinste aus seinem Integralhelm - ohne Zweifel Markus Döhner selbst. Direkt daneben hing ein Gruppenfoto. Mehr als zwanzig Biker standen und hockten, von ihren Motorrädern umgeben, auf einem Parkplatz vor einem Ausflugslokal am Waldrand. So unterschiedlich wie die Motorräder auf dem Foto waren auch die Fahrer. Sportliche Männer in Lederkombis lachten neben älteren Tourenfahrern in Belstaff-Jacken in die Kamera, Endurofahrer standen dabei und auch einige Fahrerinnen. Am Rand hockte auch Markus Döhner und stützte sich mit drei Fingern auf dem Boden ab. Eine bunte Truppe mit guter Laune. Das Foto ließ Axel lächeln.

Er setzte sich an den Schreibtisch und zog eine Schublade auf. Obenauf lag ein Brief und das Wort *Mahnung* sprang ihm ins Auge. Markus Döhner fuhr ein finanziertes Motorrad und er war bereits einige Raten schuldig. Der Mahnbrief hörte sich ziemlich bedrohlich an und verwendete Formulierungen wie *unverzüglich* und *letzte Mahnstufe*. Welche Umstände auch immer zu Markus Döhners Tod geführt hatten, seine Ducati hatte er jedenfalls bis zuletzt nicht hergegeben.

Axel wühlte tiefer in dem Stapel. Belanglose Rechnungen tauchten auf, Auszüge eines stark beanspruchten Kontos und Gehaltsabrechnungen, mit denen sich eine Ducati kaum finanzieren ließ. Auf dem Boden der Schublade stieß Axel auf eine Klarsichthülle mit Papieren. Der vertraute Briefkopf des Polizeipräsidenten Köln lag zuoberst, gefolgt von einer getippten Diebstahlanzeige einer Ehrenfelder Polizeiwache. Markus Döhner hatte vor sechs Monaten eine brandneue Yamaha YZF R1 als gestohlen gemeldet. Axel blätterte weiter bis zu dem Anschreiben der Versicherung, die ein paar Wochen später einen deftigen Scheck geschickt hatte. Wieso war Markus Döhner bald darauf das Geld für die neue Ducati ausgegangen?

Auf dem Schreibtisch stand ein Flachbildschirm, der Computer dazu versteckte sich unter der Tischplatte. Axel schaltete ihn ein und lehnte sich zurück, während sein Blick über die Fotos an der Wand wanderte. Das Motorradfahren war anscheinend das Einzige, was in Markus Döhners Leben irgendwelche Spuren hinterlassen hatte. Axel hatte das vage Gefühl, als sollte ihn die unpersönliche Wohnung an der Nase herumführen. Hatte hier jemand die Fassade eines Lebens aufgebaut, hinter die er niemanden schauen lassen wollte? Vor ihm auf dem Monitor öffneten sich immer mehr Programme und plötzlich dröhnten laute Gitarren aus den Boxen auf dem Schreibtisch. Ein MP3-Player war gestartet, auf einer stilisierten Jukebox lief der Name des Songs in einer Endlosschleife, *Cop Killer* mit Ice-T. Axel merkte, dass sein rechter Fuß mitzuwippen begann, aber er war gleichzeitig irritiert. Ob Markus Döhner mit der Polizei gerechnet und einen zynischen Willkommensgruß bereitgehalten hatte? Widerstrebend klickte Axel das Browserfenster hinter dem MP3-Player an. Offensichtlich war der Computer so eingestellt, dass er sich selbstständig in das Internet einwählte und den Browser öffnete. Axel fand sich auf einer schmucklosen Seite ohne Bilder und Grafik wieder. *Die Asphaltfresser - Forum für Motorradfahrer* stand oben über der Seite, darunter *Willkommen, Markus Döhner.* Das Programm hatte ihn also automatisch angemeldet. Axel überflog die verschiedenen Themenbereiche des Forums. Jedes Mitglied des Forums konnte dort wie auf einem schwarzen Brett einen Beitrag hinterlassen, auf den die anderen antworteten. Unschlüssig ließ Axel den Cursor über die Menüpunkte *Member, Technik, Marktplatz* und *Chat* gleiten. Bei *News* klickte er schließlich.

Die neue Seite trug zwei fette schwarze Balken als Trauerflor auf den Ecken. Axel las die Überschrift und pfiff überrascht durch die Zähne.

Wir trauern um unsere Freunde Gunnar Droste und Markus Döhner. Wir wünschen Jan Keimel gute Besserung, stand dort in großen Buchstaben.

Axel lehnte sich zurück. Alle drei Opfer waren Mitglieder dieses Forums und kannten sich höchstwahrscheinlich! Was immer den drei Motorradfahrern in dieser Kurve in der Eifel zugestoßen war, zufällig war es nicht geschehen. Axel las weiter. Zeitungsberichte über die drei Unfälle wurden von diversen Asphaltfressern zitiert und kommentiert. Alle waren entsetzt und ratlos.

Gunnar war ein Freund von mir. Und ein verdammt guter Fahrer. Es will mir einfach nicht in den Kopf, dass ich ihn nie mehr wiedersehen, nie mehr mit ihm zusammen eine Tour machen werde, schrieb Irma aus Hennef.

Markus war ein Super-Fahrer. Er war schnell, aber er hatte immer alles unter Kontrolle. Markus kam aus jeder Kurve heil heraus. Markus ist nicht verunglückt. Was ist da geschehen?, meldete sich ein Güllepumpe-Jens.

Alle schienen das Bedürfnis zu haben, miteinander über die Vorfälle zu reden und so hatte jemand ein Treffen vorgeschlagen. *Kommt alle am Samstag ins* Zur Schönen Aussicht *nach Kürten. Wir treffen uns um sechzehn Uhr.* Axel blickte hoch. Auf dem Gruppenfoto an der Wand lachten ihn die Motorradfahrer immer noch an. Über ihren Köpfen erkannte Axel jetzt das halb verdeckte Schild *Zur schönen Aussicht*. Kürten im Bergischen Land. Axel kannte eine schöne Route dorthin. Er würde an dem Treffen teilnehmen.

Er wechselte zur *Member*-Seite. Die Asphaltfresser schienen eine lockere Gemeinschaft von Motorradfahrern aus dem Großraum Köln zu sein, die sich in diesem Forum zusammenfanden. Es gab mehr als einhundert Mitglieder, aber nur etwa dreißig von ihnen stellten sich mit ein paar kurzen Sätzen vor. Von diesen hatten fast alle ein kleines, grob gepixeltes Foto von sich ausgewählt, das zusammen mit ihrem Spitznamen erschien.

Die Forums-Mitglieder waren von erstaunlicher Vielfalt: Richie aus Köln beschrieb sich selbst als den *schnellsten Racer Westdeutschlands,* als Foto hatte er den Blick in hochgezogene Auspuffrohre ausgewählt. Über David aus Dortmund erfuhr man lediglich *Harley forever,* das Foto seines Oberarm-Tattoos zeigte einen Shovelhead-Motor. Pedder aus Hückeswagen schrieb *zwei Räder sind nicht genug* und folgerichtig sah man ihn grinsend auf einem Gespann. Wheelie hatte auf einen Text verzichtet, das Foto eines Motorrads auf dem Hinterrad sollte offensichtlich genug über ihn aussagen. Allerdings erkannte Axel sofort, dass das Gesicht auf dem Foto mehr schlecht als recht in das Bild montiert war. Offensichtlich gab es von Wheelie kein Foto, auf dem er seinem Namen Ehre machte.

Und so ging es weiter, quer durch alle PS-Klassen und Altersgruppen. Gunnar Droste, Markus Döhner und Jan Keimel waren auch noch in der Liste. *Need for Speed, Die Welt ist eine Kurve* und *Wer bremst hat Angst!* lauteten die Texte unter den Fotos ihrer Maschinen - ohne Zweifel wollten sie nicht für Tourenfahrer gehalten werden. Ganz am Ende der Liste fiel Axel ein ungewöhnliches Foto auf: Das Röntgenbild eines Schienbeins, auf dem die Knochenteile nur noch ein grobes Puzzle bildeten. Ein Kay stellte sich als Administrator des Forums vor und hatte vor acht Wochen den Eintrag ergänzt *Zurzeit Universitätsklinik Köln, Abteilung für Wiederherstellung.*

Axel war kurz davor, den Computer herunterzufahren, klickte dann aus Neugierde doch noch auf *Chat*. Er wusste, dass man in einem Chat live mit mehreren anderen Nutzern gleichzeitig reden, beziehungsweise schreiben konnte, aber er war noch niemals selbst in einem Chatraum gewesen. Ein leeres Fenster öffnete sich. In einem Balken las Axel in Großbuchstaben *Lobby, Ecktisch* und *Séparée*. Über einem Schreibfeld zum Eintippen von eigenem Text stand *Zurzeit im Chatraum anwesend:* und darunter *Null Mitglieder*. Ein merkwürdiges Gefühl überkam Axel. Er stellte sich vor, alleine in einem großen Saal zu stehen. Übermütig tippte er *Haaaaaallo!* ein, als erwartete er, ein Echo zu hören. Er klickte auf *Senden* und sein Text erschien als *MARKUS: Haaaaaallo!* in dem Fenster.

Ein Augenblick verging, dann erschienen zu seinem Entsetzen plötzlich Buchstaben unter seinem Eintrag.

Wer ist da? Markus, bist du das?!?!, las Axel. Sein Blick huschte zum Anwesenheitsbalken. Immer noch wurden *Null Mitglieder* angezeigt. Wer las da mit, ohne selbst sichtbar zu sein? Wie sollte er erklären, dass er mit Markus Döhners automatischer Anmeldung in das Forum und den Chat gelangt war? Panisch fuhr Axel den Computer herunter. Er würde Kay, den Administrator des Forums, befragen müssen.

Im Flur ließ er seinen Blick ein letztes Mal schweifen. Es gab nur noch eins zu tun. Er griff sich mit spitzen Fingern die Mülltüte und verließ die Wohnung. Unten schlenderte er durch die Einfahrt in den Hinterhof, wo am Ende einer Reihe von Garagen ein überquellender Container vor sich hinstank. Während er die Tüte in den Container quetschte, fiel sein Blick auf ein stilvolles Emaille-Schild auf einem der Garagentore. *Black Rebel Motorcycle Club - Keep Out!* stand da in altdeutschen Buchstaben über einem stilisierten Totenschädel, unter dem sich an Stelle von Knochen zwei Kurbelwellen kreuzten. Jetzt war klar, wo Markus Döhner seine Ducati abgestellt hatte. Die Garage hatte als einzige in der Reihe ein modernes Sicherheitsschloss. Axel durchsuchte den Schlüsselbund nach einem passenden Schlüssel, steckte ihn in das Schloss und öffnete es. Er trat zurück und zog das Tor nach oben. Eine piekfeine Werkstatt kam zum Vorschein. Werkzeuge hingen säuberlich aufgereiht an der Wand über einem Werktisch, in Stahlregalen lagerten Rahmen, Motorenteile, Reifen und Tanks. Axel setzte in seinem Kopf die Einzelteile zusammen, aber es blieben immer ein paar Puzzlestücke übrig. Markus Döhner hatte ein ungewöhnlich großes Ersatzteillager zusammengetragen. Axel zückte sein Handy und wählte die eingespeicherte Nummer von Torsten Krauss, einem Kollegen aus dem Dezernat für Eigentumsdelikte.

„Tach Torsten, hier ist Axel. Ja, ja, ich habe den Helm vor dem Telefonieren abgenommen, sehr witzig. Die Buschtrommel im Präsidium ist ja wieder mal schneller als das menschliche Auge. Sei nicht neidisch, Torsten, wenn du dich scheiden lässt, kriegst du auch deine eigene Sonderkommission. Jetzt mal ernsthaft, Junge. Ich bin hier bei einem Kunden und der hat ein fettes Ersatzteillager in seiner Garage. Kannst du mal herkommen und dir das ansehen? Natürlich jetzt sofort! Ich gebe dir die Adresse."

Während Axel auf den Kollegen wartete, machte er einen weiteren Rundgang durch die Werkstatt. Er liebte die Stimmung, die über den präzisen Werkzeugen und dem glänzenden Metall lag. Der feine Geruch von Öl und Benzin stieg auf und er konnte sich gut vorstellen, wie die Ducati hier nach einer Ausfahrt leise vor sich hingeknistert hatte. Axel beschloss, später nicht in das Präsidium zurückzukehren, sondern sich um die CB in seiner Garage zu kümmern.

Torsten Krauss kam schon bald mit quietschenden Reifen auf

den Hof gefahren. Als Erstes zeigte Axel ihm das Emaille-Schild.

„Black Rebel? Habe ich schon mal irgendwo gehört. Mir fällt leider gerade nicht ein, in welchem Zusammenhang", sagte Torsten nachdenklich und fuhr mit dem Fingernagel über das Schild.

„Auf jeden Fall ein professionelles Schild. Wer so was in Kleinauflage machen lässt, gibt viel Geld für stilvolles Auftreten aus. Das wird der Konkurrenz nicht gefallen. Wenn jemand in deinem Revier fischen geht, ist das ein Ding. Wenn er dabei aber auch noch selbstbewusst auftritt und das Maul weit aufreißt, dann wird das eine Frage der Ehre. Die Lucky Joker lassen sich so etwas nicht gefallen. Lass mich raten: Der Mieter dieser Garage hier ist tot, richtig?"

Axel sah Torsten erstaunt an. Er hat noch mit keinem Wort erwähnt, um welchen Fall es sich handelte.

„Der Mann hatte einen tödlichen Motorradunfall. Kein Fremdverschulden festzustellen."

Torsten Krauss verzog das Gesicht zu einem schmallippigen Grinsen.

„Unfall ohne Fremdverschulden, klar doch. Solche Zufälle gibt es im Umfeld der Lucky Joker immer wieder. Black Rebel, ein vielsagender Name. Vielleicht wollen die ja ganz bewusst gegen die Lucky Joker anstinken. Wahrscheinlich ist dieser Club sehr jung, sonst hätte ich schon mit ihm zu tun gehabt. Ich schaue trotzdem nachher in unsere Datenbank. Jetzt zeig mir mal die angebliche Hehlerware."

Axel schwang das Tor wieder hoch. Torsten zückte ein Klemmbrett und eine Digitalkamera und machte sich an die Arbeit. Er listete die Teile und Marken auf, fotografierte besondere Stücke und schrieb Rahmennummern ab. Schließlich wand er sich an Axel.

„Tja, ich bin mir nicht sicher. Das sind wertvolle Teile, aber es sind auch ein paar Liebhaberstücke darunter, die nicht so schnell ihren Abnehmer finden würden. Die Rahmennummern werde ich überprüfen. Und ich spreche mal mit den Kollegen von der organisierten Kriminalität darüber, auch über den Black Rebel Club. Du hörst von mir, Undercover-Agent Schröder!"

Axel ertrug den Spott. Er war froh, jetzt nicht im Präsidium sitzen und Berichte tippen zu müssen. Er winkte Torsten zu, der mit ausgestrecktem Zeigefinger einen Schuss auf ihn abgab, schloss die Garage wieder ab und spazierte nach draußen. Das Wohnmobil parkte neben einem türkischen Imbiss. Plötzlich wurde ihm klar, wie hungrig er war. Er marschierte in den Laden und bestellte sich zwei türkische Pizzen und einen großen Ayran. Türkische Popmusik pumpte durch den Raum. Auf dem Stehtisch lag der Express mit der Dark-Rider-Titelgeschichte. Der junge Deutschtürke hinter dem Tresen nickte lächelnd zu der Titelseite.

„Megakrass, oder? Der Typ kann fahren! Da haben die Bullen keine Chance."

Axel musste ihm Recht geben. Widerstrebend erkannte er, dass er - Bulle hin oder her - von der Fahrerei dieses Irren ein wenig fasziniert war. Er wusste, welches Argument jetzt eigentlich angemessen war.

„Na ja, wenn der sich selbst zu Klump fährt, ist das sein Problem. Aber der gefährdet auch andere. Da muss bloß ein Rentner zu langsam bremsen und schon sterben Unbeteiligte."

„Quatsch", unterbrach ihn der Mann und reichte ihm sein Essen herüber, „bevor jemand falsch reagieren kann, ist der Dark Rider schon wieder weg. Der ist so schnell, dass alles sicher bleibt!"

Axel grunzte vage und biss in seine Pizza. Der Mann schien

dies als Zustimmung zu verstehen. Er kam hinter dem Tresen hervor und trat dicht an Axel heran.

„Ich habe etwas für dich. Eine DVD vom Dark Rider. Hab' ich im Internet gekauft. Vierzig Minuten geilste Fahrerei, von ihm selbst mit Digikamera am Motorrad aufgenommen. Du bist so nah dran, dass dir im Sessel die Haare wegwehen. Völlig endkrass. Ich habe Kopien gemacht von der DVD. Für zehn Euro kannst du eine haben."

Axel starrte ihn an. Das wurde ja immer doller!

„Sorry, Mann, ich habe gar keinen DVD-Spieler. Damit kann ich nix anfangen."

Axel war tatsächlich ein wenig enttäuscht, den Film nicht sehen zu können. Anscheinend konnte der junge Mann ihm das im Gesicht ablesen.

„Du hast keinen DVD-Spieler? Wo ist das Problem? Gibt's im Media-Markt und kostet so gut wie nix. Kannst du dir nicht leisten? Dann sollte ich dir vielleicht die Pizza ausgeben, oder, Alter?"

Axel musste lachen.

„Nee, lass mal. Vielleicht komme ich später auf dein Angebot zurück. Aber deine Lahmacun ist Spitze."

Der junge Mann lachte zurück, drehte die Musik lauter und begann mitzusingen. Axel aß seine Pizza und klopfte mit dem Fuß im Takt.

Durch den dichten Lärm der Musik drang aus weiter Ferne ein Motorgeräusch. Da zog jemand sehr energisch am Drahtseil und ließ die Drehzahl eines Motorrads in den fünfstelligen Bereich klettern. Axel horchte, während das Geräusch wie bei einer alten Stereo-Testplatte von seinem linken zum rechten Ohr wanderte. Plötzlich wurde der Sound des Motorgeräuschs dumpfer, ohne dass sich die Drehzahl reduzierte. Wenige Sekunden vergingen, dann kamen schlagartig die hohen Frequenzen zurück in das Gebrüll. Der Motor entfernte sich allmählich und das Geräusch wurde langsam leiser. Axel war irritiert. Er kannte in Ehrenfeld jede Straße. In Hörweite gab es weit und breit keinen Tunnel, durch den ein Motorrad fahren konnte.

5.

Noch wenige Augenblicke bis zum mobilen Tunnel. Die Kölner Innenstadt war ursprünglich für mittelalterlichen Stadtverkehr gebaut und nicht, um im Stoßverkehr auf einhundertzwanzig km/h zu beschleunigen. Die Hayabusa schlingerte kurz, als sie mit einem energischen Lenkimpuls in die Mitte der Straße gelenkt wurde. Die Straßenbahn voraus kam blitzschnell näher.

Das Ganze war genau getimt. Die Geschwindigkeit war notwendig, damit die Zeit reichte. Sobald der Kiosk rechts auftauchte, musste das Überholen beginnen, sonst war das Motorrad nicht zur richtigen Zeit am richtigen Ort. Der bunte Rücken der Straßenbahn kam immer näher und füllte plötzlich das ganze Fenster des Visiers aus. Ein schneller Blick auf den Tacho, einhundertachtzehn km/h, das war okay. Rechts die altmodische Eisfahne am Kiosk. Jetzt überholen! Die Hayabusa scherte nach links aus, steuerte auf dem Kopfsteinpflaster links neben der Straßenbahn vorbei. Das Ende des rechten Lenkerstummels sprang mit den Erschütterungen der Straße eine Handbreit neben der Straßenbahn auf und ab. Das reichte nicht. Ohne vom Gas zu gehen, drängte sich die Hayabusa noch einen Spalt näher an das Werbeposter einer lachenden Frau auf der Straßenbahn. Die bunten Punkte des Druckrasters wurden sichtbar und lösten das Bild in ein verschwommenes Muster auf. In diesem Augenblick erreichte die entgegenkommende Straßenbahn auf der Gegenspur die Hayabusa. Das Gesicht des Straßenbahnfahrers wischte links vorbei, dann veränderte der enge Schlund urplötzlich die Frequenz des Motors. Das Windgeräusch steigerte sich zu einem Brausen. Rechts blieb die langsam fahrende Bahn zurück, links schoss die entgegenkommende Bahn vorbei. Die Fahrgäste hinter den Fenstern waren nur als fliegende Schatten auszumachen. Sie hatten den Abstand zwischen den beiden Bahnen mehrfach ausgerechnet. Mit dem Stummellenker der Hayabusa blieben ungefähr zehn Zentimeter Abstand auf der linken und der rechten Seite. Es war nicht klar abgesprochen, ob es ein Wheelie geben sollte, aber ein Blick auf die tanzenden Lenkerenden dicht neben den Flanken der Straßenbahnen verhinderte jeden Gedanken daran. Es blieb gerade noch genug Zeit, die linke Hand vom Lenker zu lösen, dann war der Treffpunkt da. Ihre blonden Haare leuchteten hinter der Scheibe.

Sie stand am Fenster der Straßenbahn und filmte mit der DigiCam, wie die Hayabusa entgegenflog. Sie sah, wie sich die linke Hand vom Lenker hob und die Finger zum Satansgruß streckte. Ihre Straßenbahn und das Motorrad schossen aneinander vorbei. Sie riss die Kamera herum und folgte der Fahrt der Hayabusa. Während sie dem Motorrad hinterherzoomte, trennten sich die beiden Straßenbahnen voneinander und der Motorsound stieg wieder in gewohnte Höhen. Die Ampel an der großen Kreuzung schaltete auf Rot, während die Hayabusa das Wheelie nachholte und über die Straße schoss. Sie schaltete die DigiCam aus und blickte sich um. Keiner der Fahrgäste schien ihre Filmerei bemerkt zu haben. Die Bahn hielt an der Haltestelle, mit einem Satz sprang sie hinaus auf die Straße. Sie war froh, diesem muffigen Fortbewegungsmittel entkommen zu können.

6.

Axel winkte dem Pizzaverkäufer zu und ging zu seinem Wohnmobil. Der Nächste auf seiner Liste war Jan Keimel. Die Wohnung lag in einem Hinterhof in Nippes. Angehörige von Keimel hatten den Wohnungsschlüssel abgeholt, ihn aber beim Hausmeister hinterlegt. Axel kurvte zwanzig Minuten durch das Viertel, bis er einen Parkplatz für das Wohnmobil gefunden hatte. Er stand vor den Klingelschildern des Hauses und fragte sich, wie er den Hausmeister finden sollte, aber ein kleiner grauer Mann mit Stock nahm ihm die Arbeit ab.

„Was machen Sie denn da? Suchen Sie wen?", fragte er in bellendem Tonfall und trat näher.

Axel bekam Lust, den Mann ein wenig zu ärgern.

„Ja, ich suche wen."

Die beiden schwiegen sich einen Augenblick an, dann verlor der Mann die Nerven.

„Wen suchen Sie denn, verdammt? Ich bin hier der Hausmeister. Hier wird nicht herumgelungert!"

„Genau Sie suche ich. Mein Name ist Axel Schröder von der Kriminalpolizei Köln. Hier ist mein Ausweis. Ich habe ein paar Fragen an Sie."

Der Mann zuckte zurück. Unwillkürlich richtete er sich auf, als wolle er stramm stehen.

„Fragen an mich? Weshalb? Was wollen Sie von mir?"

Axel ließ ihn nicht länger zappeln.

„Sie haben Jan Keimels Schlüssel in Verwahrung. Ich möchte mir die Wohnung ansehen."

Der Mann war sichtlich erleichtert. Sofort ging er wieder zum Angriff über.

„Den Schlüssel habe ich hier. Kein Wunder, das mit dem Keimel. Ein unangenehmer Bursche. Motorradfahrer! Der hatte immer so Rocker zu Besuch. Die haben furchtbaren Krach gemacht, Dschungelmusik gehört. Keimel hat das Gartenhäuschen gemietet und als Garage benutzt. Ich wollte nach dem Rechten sehen, aber der hat mich nicht auf das Grundstück von dem Häuschen gelassen. Durch das Fenster konnte ich nichts sehen, wenn er weg war. Hat er wohl zugemalt. Jedenfalls, Unfall hin oder her, geschieht ihm recht."

Axel nahm den Schlüssel entgegen. Der Hausmeister war ein fabelhafter Informant.

„Was für Rocker waren zu Besuch? Wie sahen die aus? Und wer war in der Zwischenzeit in der Wohnung?"

Der Mann stützte sich auf seinen Stock. Er war froh, mit der Kripo zusammenarbeiten zu können.

„Na ja, wie Rocker von früher sehen die ja heute nicht mehr aus, aber die hatten so bunte Ledersachen an und es blockierten Motorräder den Bürgersteig. Wenn die losgefahren sind, hat mein Küchenschrank immer gewackelt. Die waren meistens mit Keimel hinten im Garten. Was die da gemacht haben, kann ich nicht sagen. In der Wohnung war nur eine Tante von dem. Die hat den Kühlschrank abgetaut und solche Sachen. Weiß ja keiner, was aus dem Keimel wird."

Axel bedankte sich artig und versprach, den Schlüssel später in der Erdgeschosswohnung des Hausmeisters abzugeben. Die beiden betraten das Treppenhaus, aber Axel stürmte mit zwei Stufen auf einmal die Treppe hoch, damit der Mann ihm nicht folgen konnte. Im dritten Stock fand Axel den Namen Keimel an der Klingel. Auf der Fußmatte stand *Bikers Welcome*.

Die Wohnung erinnerte an die von Markus Döhner. Diesmal war es das aggressive Grün von Kawasaki, das für die herausragenden Farbtupfer sorgte.

Jan Keimel bewahrte seine Dokumente in übersichtlichen Aktenordnern in einem Bücherregal auf. Axel fand schnell, was er suchte. Jan Keimel hatte drei Tage nach Markus Döhner seine ZX-6R als gestohlen gemeldet. Mehrere Briefwechsel machten deutlich, dass der Versicherung der Vorgang nicht ganz geheuer gewesen war, aber schließlich hatte auch sie gezahlt.

Axel startete Jan Keimels Computer. Diesmal wurde aber nicht automatisch eine Internetverbindung aufgebaut. Als Axel es manuell versuchte, scheiterte er an dem fehlenden Passwort. Er öffnete den Internet-Browser offline und rief den Verlauf der letzten Streifzüge von Jan Keimel durch das Internet auf. An erster und letzter Stelle stand das Asphaltfresser-Forum. Dazwischen hatte er bei Google nach dem Dark Rider gesucht und fast alle Seiten besucht, die über ihn berichteten.

Axel fluchte. Er hatte Markus Döhners Computer so schnell ausgeschaltet, dass er nicht daran gedacht hatte, auch dort den Verlauf zu kontrollieren. Er würde noch einmal hinfahren müssen, auch wenn er bereits jetzt sicher war, dort ähnliche Spuren zu finden wie hier. Routinemäßig durchsuchte er die Wohnung, ohne etwas Interessantes zu finden. Axel hatte nichts anderes erwartet. Er war gespannt, welche Art von Gartenhäuschen unten auf ihn wartete.

Im Treppenhaus stand der Hausmeister immer noch vor seiner Wohnungstür. Er hängte sich an Axels Fersen, aber der schickte ihn zurück. Zufrieden stellte er fest, dass er dem Mann den Tag verdorben hatte.

Als Axel vor das Tor des Häuschens trat, fiel sein Blick als Erstes auf das Emaille-Schild mit den gekreuzten Kurbelwellen. In das Schloss passte der modernste Schlüssel am Schlüsselbund. Axel zog die beiden Flügel des Holztores auf.

Jan Keimel hatte offensichtlich ein Faible für Oldtimer. Zwei Maschinen mit altmodischen Trapezgabeln standen auf einer

Seite der Werkstatt, auf der Werkbank war ein teilweise zerlegter BSA-Motor aufgebaut. Auf der anderen Seite trennte ein blauer Plastikvorhang einen Teil des Raumes ab. Axel schob den Vorhang mit einem Schwung zurück. Zwei Ducatis ohne Motoren kamen zum Vorschein. Sie sahen gepflegt, aber nicht neu aus. Axel wusste nicht, was er davon halten sollte. Ducatis waren wertvoll, aber diese Mini-Werkstatt schien nicht das Lager eines professionellen Hehlers zu sein.

Er wählte wieder die Nummer von Torsten Krauss und sprach ihm, als der nicht dranging, eine Nachricht auf die Mailbox. Er schloss das Tor wieder zu und übergab den Schlüssel dem Hausmeister, der vor dem Haus auf ihn wartete. Torsten Krauss würde schon mit ihm klarkommen.

Axel hatte in der Akte die Notiz gelesen, dass Gunnar Drostes Wohnung gerade renoviert wurde. Die einzigen Verwandten lebten weit entfernt, sie hatten die Hausverwaltung damit beauftragt, die Wohnung zu räumen.

Axel setzte sich in sein Wohnmobil und rief die Hausverwaltung an. Es dauerte einige Zeit, bis er jemanden an der Strippe hatte, der Bescheid wusste. Man hatte drei Kisten mit persönlichen Dingen gepackt und zu den Verwandten geschickt, die restlichen Möbel standen noch in einem Lager. Axel fragte nach einer Werkstatt, aber die Wohnung war ohne Garage vermietet worden und der Mensch am Telefon hatte keine Idee, wo Gunnar Droste so etwas wie eine Garage gemietet haben könnte. Axel fragte nach einem Schlüssel, der zu keiner Tür passte und als ihn dies nicht weiterbrachte nach einem Emaille-Schild mit einem Totenschädel darauf. Aber er erntete nichts als verwunderte Fragen. Gunnar Drostes Werkstatt würde er wohl erst entdecken, nachdem ein Vermieter ein paar Monate lang keine Miete erhalten hatte und die Tür öffnen ließ.

7.

Axel beschloss, nach Hause zu fahren. Die Rückfahrt quer durch die Innenstadt war eine Qual. Kurz vor seiner Wohnungstür wendete er einer Eingebung folgend das Wohnmobil und fuhr zum nächsten Supermarkt. Dort schnappte er sich einen kleinen Einkaufswagen und klapperte mit ihm systematisch die Gänge ab. Er griff sich alles, was bunt war und irgendwie unkompliziert wirkte. Den vollen Wagen steuerte er zur Kasse, wo ihn die Kassiererin verständnisvoll anlächelte. Auf dem Parkplatz blickte er kurz nach links und rechts und hievte, als die Luft rein war, den Einkaufswagen durch die Eingangstür des Wohnmobils. Aus alter Gewohnheit hätte er es beinahe vor der Garage abgestellt, aber dann parkte er sicherheitshalber doch lieber um die Ecke, wartete, bis kein Mensch auf der Straße war und schob dann den Einkaufswagen pfeifend nach Hause bis in die Küche.

Ihm war nach Musik. Renate hatte seine einhundertachtundzwanzig Vinylscheiben aus alten Punk-Tagen stehen lassen, aber natürlich die HiFi-Anlage mitgenommen. In der Garage musste noch das alte Küchenradio stehen. Er griff sich ein Glas Artischockenherzen aus dem Einkaufswagen, öffnete es im Gehen und steckte sich ein paar der quietschenden Stücke in den Mund. Die Garage war voller Trödel, den Renate erstaunlicherweise nicht abtransportiert hatte. Es dauerte eine Weile, bis er das Radio in einem Regal entdeckte. Die Antenne war abgebrochen und nach dem Einschalten nichts als Rauschen zu hören. Er nahm ein Stück Blumendraht und wickelte es um den Antennenstumpf. Nur ein Sender kam mit viel Knistern und Rauschen durch. Leider war es einer dieser nervenden Oldie-Sender, der gerade einen Wetterbericht brachte. Trotzdem drehte er ihn auf volle Lautstärke. Die CB stand in einer Ecke an der Wand, unter Grillkohle, Altpapier und Teppichresten kaum zu erkennen. Axel starrte zögernd auf den aufgeschichteten Kram, dann kippte er alles großzügig auf den Boden. Er drückte die Honda von ihrem Hauptständer und schob sie nach vorne, wo freier Platz war. Die Griffgummis klebten unangenehm und beide Reifen hatten zu wenig Luft, trotzdem schwang er sich auf die Sitzbank und setzte einen Fuß auf die Raste. Es war ihm selbst ein wenig peinlich, aber er konnte nicht anders: Er gab Gas und formte mit flatternden Lippen *Broummm, Broummm*. Als im Radio jetzt brüllend laut Musik einsetzte, erkannte er das Stück sofort. Mittlerweile hatte er jeden Widerstand aufgegeben, also saß er da in seiner halbdunklen Garage, einen Meter vor der geschlossenen Garagentür, und brüllte *Born to be wi-ii-ild*. Er fühlte sich ausgezeichnet.

Den Rest des Tages verbrachte er in der Garage. Mit einem alten Hemd staubte er die Honda ab und polierte die stumpfen Chromstellen ein wenig auf. Sein Mountainbike hatte Moped-Ventile in den Schläuchen, deshalb suchte er die dazu gehörende Fahrradpumpe und hantierte eine Viertelstunde lang mit der kurzen Luftpumpe, bis die Motorradreifen wieder ausreichend gefüllt waren. Sein Blick glitt prüfend über die Honda. Mit den Augen eines TÜV-Prüfers taxierte er die Reifen (reichlich Profil, nicht zu alt), die Bremsbeläge (ziemlich neu und ziemlich sauber) und den allgemeinen Zustand (ziemlich alt und ziemlich ungepflegt). Wenn Lenkkopf- und Achslager nicht zu viel Spiel hatten, konnte er morgen früh beim TÜV Glück haben. Neues Fett für die Kette und neues Öl für den Motor würde er sich dann anschließend besorgen. Wenn, ja wenn die Honda morgen früh mit frisch geladener Batterie anspringen sollte.

Er holte sich ein warmes Bier aus dem Einkaufswagen und ein zweites Glas mit Köstlichkeiten. Zu spät merkte er, dass er sich diesmal Anchovis gegriffen hatte, aber mit dem Bier bekam er auch die herunter. Er fand die Batterie der Honda im Regal mit den Gartengeräten und klemmte sie an das Ladegerät. Als das Radio einmal nicht brüllte, konnte er das Blubbern des destillierten Wassers hören, das in der Batterie leise rauschte. Das war irgendwie gemütlich, also schaltete er das Radio aus, holte sich einen Gartenstuhl heran, blätterte in alten Batman-Comics, die er in dem Altpapierstapel gefunden hatte und genoss das dezente Lagerfeuergeräusch der Batterie.

Später entfernte er Spinnweben aus seinem alten Integralhelm und reinigte nach der vergeblichen Such-Expedition nach einem Reinigungsmittel das Visier mit Aftershave. Das nahm ihm zwar den Atem, als er probeweise den Helm aufsetzte, aber er hoffte auf den Fahrtwind und die Verdunstung bis zum nächsten Morgen. Schwieriger war es mit den Handschuhen, die er irgendwann im letzten Sommer beim Streichen des Gartenzauns getragen hatte. Die rostrote Farbe des Zauns hatte sich für alle Ewigkeit mit dem schwarzen Handschuhleder verbunden und sorgte für ein interessantes Punktmuster. Damit würde er zunächst einmal leben beziehungsweise fahren müssen.

Schließlich holte er die Kombi vom Kleiderhaken, an dem sie seit zwei Jahren an der Wand hing. Die dezenten Blautöne wirkten altmodisch im Vergleich zu den schrillen Signalfarben, die er bei anderen Motorradfahrern in letzter Zeit gesehen hatte. In den Knien hing das Leder ausgebeult nach vorne und überhaupt war die Kombi in keinem guten Zustand, aber dies war seine alte Lieblingskombi, die ihm wie angegossen passte. Das dachte er zumindest, bis er hineingeschlüpft war und den langen Reißverschluss vorne zuziehen wollte. Entweder war das Leder um die Hüften geschrumpft oder bei ihm hatte sich unerklärlicherweise etwas geweitet. Er zog den Bauch ein, beugte sich leicht vor und zog den Reißverschluss energisch bis unter das Kinn. Dann richtete er sich auf und atmete ein. Ging doch! Auf der Honda würde er ohnehin leicht nach vorne gebeugt sitzen.

Er erinnerte sich an seinen Glücksbringer und öffnete die kleine Brusttasche. Mit spitzen Fingern zog er die zerknitterte Tageskarte für die Nordschleife heraus. An einem heißen Augusttag vor mehr als zehn Jahren war er mit der Honda am Nürburgring gewesen und hatte einen Nachmittag lang Runde um Runde auf der Nordschleife abgespult, bis er so gut und so schnell war wie noch nie zuvor. Die Honda und er flogen quasi über den gleißenden Asphalt. In der letzten Runde des Tages waren sie sehr schnell kurz vor dem Schwalbenschwanz unterwegs. Wie schnell genau wusste Axel nicht, weil er schon lange nicht mehr auf den Tacho guckte, sondern einfach so schnell fuhr, wie es ihm seine Intuition nahelegte. Aber er war flott unterwegs, als sich zwei Konkurrenten aus einem Opel-Corsa-Club vor ihm ins Gehege kamen. Sie brachten ihre Blechkisten so geschickt ins Schleudern, dass Axel eine Lücke von knapp zwei Metern übrig blieb, als er in tiefer Schräglage dazu kam. Er hatte keine Wahl. Rechts und links standen die Corsas quer. Die Fahrer schienen ihn durch die Fenster freundlich anzulächeln. Axel bremste einen Herzschlag lang und ging in die tiefste Schräglage seines Lebens, immer weiter runter in Richtung Asphalt, bis er in Zeitlupe eine Stoßstange an seinem Visier vorbeiziehen sah. Dann war er heraus aus der Kurve, richtete die Honda auf und ließ sie zum Fahrbahnrand rollen. Er drehte sich um und schüttelte seine Faust in Richtung der Corsa-Fahrer, die immer noch unbeweglich in ihren Kisten saßen. Das war knapp, aber es war gut gegangen. Damit es beim nächsten Mal genauso ausging, fuhr er nie mehr ohne diese Tageskarte in der Kombi los.

Also steckte er sie zurück in die Tasche und stapfte mit nackten Füßen durch die Wohnung, um seinen Laptop zu holen. Er hatte schon oft darüber geflucht, dass er immer noch kein WLAN installiert hatte und mit einem langen Netzwerkkabel zurechtkommen musste. Das Kabel des DSL-Modems aus dem Schlafzimmer reichte gerade so bis in die Garage, wenn er es in Hüfthöhe durch das Zimmer spannte und mit einem Heftpflaster am Türrahmen fixierte. Er drehte das Radio wieder laut, schob den Gartenstuhl eng an die Garagentür und stellte ein weiteres Bier griffbereit. Dann zwängte er sich in den Liegestuhl und fummelte den Stecker des Kabels in den Laptop. Mit einem Tusch startete das Betriebssystem.

Es dauerte eine Weile, bis Axel die Seite der Asphaltfresser eingeben konnte. Er wurde als *anonymer Gast* begrüßt und aufgefordert, sich als Mitglied zu registrieren. Verwundert stellte Axel fest, dass er nicht nur als Ermittler, sondern auch aus privatem Interesse Mitglied werden wollte. Er tippte Alter, Geschlecht und Motorradmarke wahrheitsgetreu ein. Bei der Frage nach seinem Forumsnamen wurde er nachdenklich. Wollte er *Speedy* sein, oder *Roadrunner*, oder gar *Kurvenwunder?* Für einen Augenblick erwog er *Der Bulle von Köln*, verwarf es aber wieder. *Honda-Axel* war auch nicht gerade sexy. Kurzentschlossen gab er schließlich *Ace* ein und bereute es sofort, als er seine Anmeldung abgeschickt hatte.

Die Bestätigungsmail für seine Registrierung landete blitzschnell im Postfach seines E-Mail-Accounts. Er klickte auf den Link in der Mail und wurde als neues Mitglied im Forum willkommen geheißen. Axel beschloss, eine Zeit lang Ace zu sein. Schließlich konnte er jederzeit mit neuem Namen wiedergeboren werden.

Als Ace besuchte er also die News-Seite. Neue Kommentare zu den Unglücksfällen waren dazugekommen.

Ein paar Mitglieder reagierten auf den Beitrag von Güllepumpe-Jens und bestätigten seine Einschätzung.

Da ist etwas furchtbar schief gelaufen!, schrieb ein anonymer Gast und Richie antwortete mehrdeutig *Ich habe das kommen sehen.*

Als Güllepumpe-Jens zurückfragte *Wovon sprichst du?*, gab sich Richie geheimnisvoll. *Komm in den Chat, du weißt schon wohin. Dort können wir ungestört reden.*

Axel klickte auf den Chat. Diesmal war dort mehr los. Zwölf Mitglieder waren im Augenblick anwesend und ein munteres Kommen und Gehen war im Gange. Sobald Axel den Chat betreten hatte, tauchte sein Pseudonym in der Anwesenheitsliste auf. Er wurde schnell bemerkt.

TOM: Hallo Ace, neu hier? Wie geht's?

Axel ließ die Finger fliegen. Zwanzig Jahre tippen von Ermittlungsberichten sollten endlich zu etwas gut sein.

ACE: Hallo! Ich bin ein frisches Forumsmitglied und zum ersten Mal hier im Chat. Was steht an?

Schnell war er mit den Anwesenden über die schönste Fahrtstrecke nach Kürten im Gespräch und wer mit wem hinfahren wollte. Die anderen kamen allerdings nicht aus Köln, so dass sich Axel mit ihnen erst ins *Zur schönen Aussicht* verabredete.

Von Richie war keine Spur zu sehen. Axel brachte das Gespräch auf die Unfälle, aber außer Entsetzen und Betroffenheit kam keine Reaktion. Er hatte das unbestimmte Gefühl, als wären die anderen irgendwie zurückhaltend bei dem Thema. Ratlos starrte Axel auf seinen Laptop. Sollte er ganz direkt nachfragen, welche Theorie sie hatten? Ziellos wanderte sein Cursor über die Seite und plötzlich wurde ihm klar, dass auch *Ecktisch* und *Séparée* angeklickt werden konnten. Er begann mit *Ecktisch* und fand sich in einem neuen Raum wieder, in dem sich fünf Mitglieder drängten. Sobald Axel den Raum betreten hatte, erschienen keine neuen Sätze mehr im Textfenster. Im wirklichen Leben würden sich nun alle zu ihm umdrehen, um ihn zu fixieren. Aber dann stellte ihn Tom, der anscheinend nach ihm den Raum gewechselt hatte, den anderen vor und nach ein paar Fragen konnte er unbehelligt zuhören, wie sie sich über das Leerräumen von Auspufftöpfen austauschten.

TOM: Aber alles ganz theoretisch, nicht war, Ace!?, sprach ihn plötzlich Tom an und tippte *;)* dahinter. Axel brauchte einen Augenblick, um die Zeichen als eine Art von Augenzwinkern zu erkennen.

ACE: Logisch, ihr würdet ja niemals die Betriebserlaubnis eures Krads aufs Spiel setzen, nicht wahr ..., gab er zurück, und die anderen lachten zustimmend mit Hilfe von Doppelpunkten und halben Klammern. Allmählich verstand Axel, dass manche Chat-Räume für bestimmte Themen reserviert waren. *Séparée* hörte sich verschwiegen an. Ohne lange nachzudenken, betrat er diesen Raum. Richie und ein Benny waren anwesend und verstummten augenblicklich. Axel warf einen Blick auf die letzten Sätze ihrer Unterhaltung und zwei Worte sprangen ihm ins Auge: Dark Rider und Mörder. Aber dann sprach ihn Richie schnell an, so dass der alte Text immer weiter nach unten rutschte und aus dem Rahmen des Fensters verschwand.

RICHIE: Wer bist du denn, Ace? Du bist offensichtlich neu hier, sonst wüsstest du, dass man sich hier nur nach Verabredung einfindet!

Axel vertippte sich vor Aufregung und stotterte deshalb folgerichtig ein wenig.

ACE: Po - Oh, sorry, das wusste ich nicht. Ich bin zum ersten Mal überhaupt in einem Chat. Nichts für ungut, ich geh' ja schon!

Von den beiden kam keine Antwort. Axel verließ den Raum und vor lauter Peinlichkeit gleich das ganze Forum. Er war ja ein toller Undercover-Agent!

Für einen Augenblick dachte er darüber nach, den Laptop auszuschalten und zurück in die Wohnung zu gehen, aber das Radio drückte weiter gute Gitarrenmusik in die Garage, der Liegestuhl war nach dem dritten Bier noch bequemer geworden und überhaupt verspürte er das dringende Bedürfnis, sein Wissen über aktuelle Motorradmodelle aufzufrischen.

Also klickte er sich durch die Seiten diverser Motorradmarken und vertiefte sich in technische Daten und farbige Ansichten der neuesten Modelle.

8.

Er erwachte im Liegestuhl mit Rückenschmerzen. Der Laptop war zur Seite gerutscht und hatte sich wie er in den Ruhemodus begeben. Das Kabel lag auf dem Boden, offensichtlich hatte er es irgendwann in der Nacht herausgerissen. Er quälte sich aus dem Liegestuhl und blickte verwirrt an sich herunter. Weshalb schlief er in einer Lederkombi? Benommen tapste er durch die halbdunkle Wohnung, bis er sich über den Funkwecker im Schlafzimmer beugen konnte. Fünf Uhr fünfunddreißig in der Frühe. Die perfekte Uhrzeit, um zum TÜV zu fahren. Axel pellte sich aus der Kombi und stieg unter die Dusche. Wenige Minuten später hatte er sie schon wieder in der Hand. Er roch zweifelnd an ihr, schlüpfte dann doch in sie hinein. Tief unten im Einkaufswagen fand er Nescafé. Im Bad spülte er das leere Glas Artischockenherzen aus und ließ das Wasser laufen, bis es richtig heiß war. Dann kippte er zwei Finger hoch Nescafé in das Glas und füllte es mit heißem Wasser. In der Garage dröhnten die Red Hot Chili Peppers ihren Funk in die Welt. Mit dem Glas zwischen zwei Fingern vorsichtig balancierend, öffnete Axel das Garagentor und drückte es hoch. Ein strahlender Morgen tat sich vor ihm auf. Vögel jubilierten um die Wette und die Sonne schob sich gerade über das Vordach des Nachbarhauses. Die kleine alte Frau, die dort schon immer wohnte, stand auf ihrer Veranda und sah zu ihm herüber. Er hatte sie nie besonders beachtet, aber heute Morgen hob er grinsend seinen Kaffee hoch und jodelte ein „Guten Morgen, junge Frau!" herüber. Sie lachte zurück und machte eine abwehrende Handbewegung.

Axel nippte an seinem Gebräu. Mal sehen, ob die Batterie klinisch tot war, oder ob sie die elektrische Energie der vergangenen Nacht bei sich behalten hatte. Axel suchte einen Zehner-Schlüssel, setzte die Batterie in die Halterung und achtete darauf, dass er die Kabel an die richtigen Pole anschraubte. Er drückte die Honda vom Ständer und schob sie vor die Garage. Also, Sprit war drin, der Benzinhahn zeigte nach unten, der Choke war gezogen. Er drehte den Schlüssel und freute sich, dass das Zündungslämpchen kräftig leuchtete. Sah doch gut aus! Wahrscheinlich würde er ein paar Mal orgeln müssen, aber dann sollte die gute alte Honda schon auf Trab kommen.

Er wartete einen feierlichen Augenblick lang und drückte den Anlasserknopf. Die Vögel zwitscherten weiter und von der Honda kam kein Mucks. Er drückte noch einmal, aber dann war klar, dass etwas nicht stimmen konnte. Scheinwerfer und Rücklicht leuchteten hell, doch der Anlasser drehte überhaupt nicht. So hatte er sich das nicht vorgestellt. War eine Sicherung durchgeknallt oder hatte die Honda nach der langen Steherei ein größeres Problem? Fluchend drückte er ein weiteres Mal den Startknopf.

„Will sie nicht?"

Plötzlich stand die Nachbarin neben ihm, die Hände auf dem Rücken und leicht vornüber gebeugt.

„Ist meinem Mann auch oft passiert. Der hatte eine Royal Enfield. Kennen Sie die noch? Ein schönes Motorrad! Damit sind wir nach Sizilien gefahren und bis zum Nordkap. Aber wir mussten auch immer basteln. Vielleicht kann ich Ihnen helfen? Ich habe immer alle Schräubchen gefunden, die meinem Mann hingefallen sind. Einmal, in Schweden, ist ihm eine Feder weggesprungen. Mein Mann sagte, jetzt ist die Reise zu Ende, diese Feder müssen wir uns aus England schicken lassen. Aber ich meinte, Quatsch, die finde ich. Ich habe mit der Nagelschere die Wiese geschoren, bis ich sie wieder hatte. War dann noch eine schöne Reise."

„Ja, ja", unterbrach Axel sie genervt, „wir sind hier aber nicht in Schweden. Ich mach' das schon ..."

Hastig begann er, den Seitendeckel herunterzureißen. Wahrscheinlich war die Batterie doch hinüber. Aber zuerst würde er die Sicherungen kontrollieren, dann ...

„Was bedeutet eigentlich *ohve?*", fragte die alte Dame und tippte ihm nachdrücklich auf die Schulter.

„*Ohve,* wieso *ohve,* keine Ahnung, was das bedeutet. Lassen Sie mich bitte jetzt in Ruhe arbeiten. Ich weiß schon, was ich tue." Mittlerweile war er genervt.

„Ich mein' ja nur, mein Staubsauger tut's auf *ohve* auch nie, nich' wahr ...", beharrte sie und zeigte auf den Kill-Schalter am Lenkerende, der auf *Off* stand. Axel wurde heiß. Er schnippte den Schalter auf *On* und lächelte die alte Dame an.

„Wissen Sie was, ich sollte Sie mitnehmen, wenn ich das nächste Mal mit dem Motorrad in Ferien fahre. Vielen Dank für die kundige Hilfe."

„Ach, hören Sie auf, eine alte Frau auf den Arm zu nehmen und machen Sie schon, versuchen Sie jetzt mal!"

Sie trat zwei Schritte zurück und verschränkte die Arme auf dem Rücken.

Axel schickte ein kleines Stoßgebet zum Himmel und drückte wieder den Startknopf. Die Honda hustete und paffte einmal laut durch den Auspuff. Axel gab ein wenig Gas und orgelte weiter. Plötzlich war die CB da, der Motor erwachte und bollerte mit unruhigem Standgas vor sich hin. Axel drückte den Choke etwas herein und trat zurück.

„Willkommen zurück, alte Blechschleuder!", kam es ihm zärtlich über die Lippen. Strahlend wand er sich der Nachbarin zu. Sie winkte ihn zu sich heran.

„Ich habe noch einen Vorschlag", sagte sie vertraulich, als er sich zu ihr herunterbeugte.

„Sie sind auch nicht mehr der Jüngste. Bevor Sie losfahren, sollten Sie sich Schuhe anziehen."

Mit diesen Worten überließ sie ihn seinem Schicksal und ging zurück in ihren Garten.

Wo sie Recht hat, hat sie Recht, dachte Axel. Er stellte den Motor wieder ab und ging seine Sachen zusammensuchen. Bald darauf konnte er endlich losfahren. Es war noch zu früh für den Pendlerverkehr und er hatte freie Fahrt. Selbstverständlich bog er wieder zu den Kurven durch das Wasserwerkswäldchen ab. Frisches Grün lag auf den Büschen und Bäumen entlang der Straße. Als er über die Autobahnbrücke fuhr, schreckte rechts von ihm eine Krähe hoch, blieb einen Flügelschlag in Kopfhöhe neben ihm und sah ihn an, bevor sie in eine andere Richtung weiterflog. Dann kam die erste Rechtskurve. Genussvoll drückte er die Honda in Schräglage, behielt das Tempo bis zur folgenden Linkskurve bei und gab Gas. Die nächste Kurve ging in neunzig Grad nach rechts. Die Honda kam so schnell bei der Kurve an, dass er über die Plastiknoppen der Spurbegrenzung in der Kurvenmitte geriet und vor Schreck ein wenig zu stark bremste. Die Honda richtete sich auf und schob zielstrebig gerade aus der Kurve heraus Richtung Gegenspur. Einen Wimpernschlag lang kämpfte in Axels Hirnrinde der intuitive Wunsch zu bremsen, dann ließ Axel die Bremsen los und lenkte die Honda durch den Rest der Kurve.

„Erde an Axel, können Sie mich hören, ist da jemand zuhause?!“, rief er sich selbst zu. Vielleicht sollte nicht nur die Honda zum TÜV, sondern auch seine Fahrkünste. Er nahm sich vor, ab jetzt ganz besonders aufmerksam zu sein. Dazu hatte er auf der Fahrt quer durch die Stadt auch reichlich Gelegenheit. Immer wieder ignorierten Autofahrer seine Existenz, indem sie fröhlich die Spur wechselten. Weil immer mehr Autofahrer selbst auch Motorrad fuhren, waren die Ignoranten unter ihnen zwar weniger geworden, aber die meisten hatten immer noch keine Vorstellung davon, wie bedrohlich ein Auto für einen Motorradfahrer sein konnte.

Als Axel an der Inneren Kanalstraße auf das TÜV-Gelände einbog war er jedenfalls dankbar, dass es eine abgetrennte Spur für Motorräder gab.

Dort standen schon zwei gelbe Suzuki Bandits. Zwei junge Burschen saßen seitlich auf den Maschinen und unterhielten sich. Axel grüßte, stellte die Honda auf den Seitenständer und ging zur Anmeldung. Er war froh, so früh in seinem Liegestuhl wach geworden zu sein, denn die übliche Meute schlechtgelaunter Kettenraucher war noch nicht erschienen, um mit Kurzzeitkennzeichen und Exportbescheinigungen in der Hand eine endlose Schlange vor ihm zu bilden.

Wie Axels Lieblingsitaliener hatte auch der TÜV die Prüfungsgebühren damals eins zu eins von DM in Euro umgewandelt.

„Dann müssen meine Kinder jetzt wohl eine Woche lang hungern ...“, sagte er zu der Frau hinter dem Kassenschalter, aber die schaute ihn nur verständnislos an.

Die Bandit-Fahrer hatten die CB ausgiebig geprüft und taxierten nun ihn. Die Honda schien sie nicht besonders anzusprechen, aber ihr Blick blieb an seinen Handschuhen hängen.

„Alter Schwede, das sind ja geile Teile. Habe ich noch nie gesehen, abgefahren, die Dinger. Wo kriegt man so was?"

Axel blinzelte irritiert, sah auf seine Gartenzaun-Handschuhe und zurück zu dem Bandit-Fahrer. Der meinte es offensichtlich ernst.

„Hm, tja, die habe ich mir aus Italien mitbringen lassen. Nicht billig. Korrekt, oder?"

Axel war nicht gut im Bluffen und brachte das Gespräch lieber schnell auf die TÜV-Prüfung.

Die beiden versorgten ihn mit den neuesten Informationen.

„Geht gleich los, Kollege. Die Graukittel trinken gerade ihren Kaffee und dann kommt die Stunde der Wahrheit. Deine CB sieht ja ganz okay aus, aber wenn du an den jungen Typ mit der Stirnglatze kommst, kannst du schon mal Geld für eine Nachprüfung zurechtlegen. Der findet immer etwas."

Axel musterte die Bandits. Die waren zu Tode gepflegt und strahlten wie frisch aus dem Laden. Bei beiden Maschinen fiel der extrem hochgezogene Auspuff auf.

„Die sind aber nicht original, oder?", fragte Axel und zeigte auf die Endtöpfe.

„Nee, genau darum geht's. Die Dinger haben keine E-Nummer, aber ein TÜV-Gutachten aus Süddeutschland. Mein Kumpel hier war gestern damit in Bergisch-Gladbach und hat den Topf ohne Probleme eingetragen bekommen. Er ist zu meiner geistigen und moralischen Unterstützung hier, denn, mein Freund, dies ist der TÜV Köln und hier herrschen andere Gesetze als westlich des Rio Bravo", verriet ihm leicht bedrückt der Bandit-Fahrer.

Dann pfiff jemand auf den Fingern und die drei sahen, wie ein TÜV-Mann in grauem Kittel mit einem Klemmbrett unter dem Arm auf die Bandit zeigte und sie zu sich winkte. Seufzend schwang der Fahrer ein Bein über den Tank, startete und fuhr die Bandit vom Ständer herunter in Richtung Halle. Axel hörte gerade noch „Und was soll das sein, bitte schön?!" herüberwehen, da winkte ihn auch schon ein älterer Prüfer zu sich. Axel schob den Helm in die Armbeuge, startete die Honda und rollte langsam zu dem Mann. Er ließ unaufgefordert die Blinker tanzen, hupte und bremste und schaltete dann den Motor ab. Der Graukittel umrundete die CB, hockte sich vor die Reifen, wackelte am Hinterrad und der Vorderradgabel und leuchtete mit einer kleinen Taschenlampe die Bremsbeläge an. Schließlich trat er zu Axel.

„So 'ne CB ist doch was Feines. Nicht so ein voll verkleideter Plastikkram wie die modernen Dinger. Ich hatte früher die erste CB, als sie gerade frisch herauskam. Die ging gut."

Er grinste.

„Die habe ich gut zwanzig km/h schneller gemacht. Damals war ich noch nicht beim TÜV. Aber verraten Sie's niemandem, okay?"

Axel nickte verschwörerisch.

„Na, dann machen Sie die Kiste mal an."

Axel drehte den Zündschlüssel um und drückte den Anlasser. Die Honda orgelte, sprang aber nicht an. Er schickte ein Stoßgebet zum Himmel und versuchte es wieder. Jetzt sprang sie an und lief, als sei nichts gewesen. Der TÜV-Mann setzte sich einen uralten Jethelm auf und fuhr extrem langsam aus der Halle. Kaum um die Ecke, hörte Axel ihn deftig beschleunigen. Das Motorgeräusch entfernte sich vom Gelände, zog als hoher Ton einmal an seinem Rücken vorbei und kam dann schnell wieder näher. Der Mann fegte mit wehendem Kittel um die Ecke und stellte die Honda ab. In einem John-Wayne-Gang trat er zu Axel.

„Geht schon klar mit der Honda. Aber die Kette braucht Pflege, wie überhaupt das ganze Moped. Und dass Sie den TÜV-Termin zwei Monate verpasst haben, ist auch kein feiner Zug von Ihnen. Sie sind ja erwachsen genug. Wenn Sie einen Tipp von einem Oldtimer hören wollen, dann nehmen Sie das Motorrad und das Fahren damit ein bisschen ernster. Sonst sehen Sie ganz schnell so aus."

Mit diesen Worten zog er ein Hosenbein bis zum Knie hoch und ließ Axel eine vollständig zernarbte Wade sehen.

„Das war die CB 750. Aber eigentlich war es meine Schuld. Noch eins: Sie haben Glück, dass ich das Rasierwasser, nach dem Sie so stark riechen, selbst benutze und nicht für eine Alkohol-Fahne halte. Gute Fahrt in den Sommer, mein Herr."

Damit klebte er die Plakette auf das Nummernschild, gab Axel den gestempelten Fahrzeugschein zurück und zog im Wiegegang ab.

Axel versuchte, an seinem eigenen Gesicht zu schnuppern. Vielleicht sollte er das Visier doch mit einem anderen Mittel reinigen.

Die Bandit-Fahrer schoben gerade die Bandit aus der Halle. Beide ließen die Köpfe hängen.

„Wie ist es gelaufen? Sieht aus, als wäret ihr auf Mister Gnadenlos gestoßen."

Der Besitzer der Bandit blieb nur kurz stehen, während sein Freund seine Maschine vom Ständer schob.

„Ich sehe zu, dass ich vom Gelände komme, bevor ich vor Zorn platze. Der Typ hat sich aufgeführt wie ein Oberlehrer. Meine ABE sei erloschen und so weiter. Ich schiebe mein Moped lieber ums Eck, bevor ich losfahre. Dem traue ich zu, dass er die Kollegen von der Rennleitung in Grün bestellt, um mir noch einen reinzuwürgen. Schade um das Geld für die Gebühren. Ich fahre weiter ohne Eintrag."

Die beiden schoben ihre Maschinen außer Sichtweite. Kurz darauf heulten die Motoren auf und jagten mit Vollgas davon. Der TÜV-Prüfer in der Halle konnte das garantiert hören.

Axel blickte auf die große Uhr an der Hallenwand. Noch nicht mal acht Uhr. Wer hatte um diese Zeit bereits das Frühstück hinter sich? Jemand, der um sechs Uhr von einer Stationsschwester geweckt wurde. Axel macht sich auf den Weg in die Uniklinik.

9.

„Warum versteckst du eigentlich dein Gesicht? Hast du Angst, erkannt zu werden? Was hast du zu verbergen?"

„Du willst mein Gesicht sehen, du willst wissen, wer ich bin? Dann gibt es nur eine Möglichkeit: Wenn wir uns treffen, dann fahren wir beide ohne Helm. Hast du dazu genug Mut?"

10.

Axel stellte die Honda auf einen kleinen Motorrad-Parkplatz vor dem Klinikgelände. Jede Menge Roller verstopften den Platz, aber es waren auch einige schwergewichtige Cruiser darunter. Axel fragte sich, ob auch Chefärzte und Chirurgen Motorrad fuhren. Vielleicht war es ihnen ja per Arbeitsvertrag verboten.

Er wollte den Pförtner in seinem Häuschen nach dem Weg fragen und trat an das ovale Sprechloch heran.

„Sechster Stock im Bettenhochhaus, nach dem Aufzug rechts herum", tönte der Pförtner unaufgefordert, ohne von dem Express auf seinem Tisch aufzusehen.

„Moment mal, woher wissen Sie, was ich Sie fragen will?", fragte Axel irritiert.

Der Pförtner sah ihn an.

„Sie wollen doch einen verunglückten Motorradfahrer-Freund besuchen, oder?"

Axel nickte anerkennend.

„Ja genau, Abteilung für Wiederherstellung."

„Sag ich doch, sechster Stock rechts. Da kommen sie alle hin, wenn man sie zusammenflicken kann."

Der Mann las schon wieder im Express.

Solchermaßen eingestimmt erreichte Axel die gesprungene Milchglastür der Abteilung für Wiederherstellung. Ein großes Schild *Handyverbot!* hing an der Wand daneben. Gehorsam holte Axel sein Handy heraus und schaltete es ab. Er wollte gerade an dem massiven Türgriff ziehen, als ein Bewegungsmelder den elektrischen Türöffner aktivierte und Axel zurückspringen musste, um der Tür Platz zu machen.

Axel war erst ein paar Schritte auf dem Flur vorangekommen, da öffnete sich plötzlich links eine Zimmertür und ein halbes Dutzend weiß gekleideter Ärzte plus diverser Krankenschwestern strömten auf den Flur, einen Rollwagen mit Krankenmappen im Schlepptau. Sie umringten ihn in seiner dunklen Kombi wie ein Rudel Schafe den Wolf. Einer mit Haaren so weiß wie sein Kittel trat an Axel heran.

„Wer platzt denn da in unsere Visite? Frischfleisch! Motorradfahrer sind die besten Organspender! Trinken Sie Alkohol? Tun Sie's nicht! Wir wollen Ihre Leber!"

Mit einem ironischen Lächeln zog der Mann in das nächste Zimmer, gefolgt von der langen Reihe der übrigen Ärzte.

Eine Schwester blieb bei Axel, der mit offenem Mund dastand. „Seien Sie dem Chefarzt nicht böse. Der Sommer hat noch nicht angefangen und die halbe Station ist schon voll mit verunglückten Motorradfahrern. Das kann einen Arzt bitter machen. Wo wollen Sie denn hin?"

Axel blickte kurz an sich herunter, als wolle er die Unversehrtheit seiner Gliedmaßen prüfen. Anscheinend meinte heute jeder, ihn vor dem Motorradfahren warnen zu müssen. Schließlich war er so weit, der Schwester antworten zu können.

„Ich suche Kay, den Nachnahmen kenne ich leider nicht. Er ist, tja, beim Motorradfahren verunglückt, irgendwas mit dem Schienbein."

„Sie meinen bestimmt Kay Barker. Der liegt auf Zimmer elf. Neben unserem Glückspilz. Da runter und links. Über das Jahr sind übrigens Freizeit-Kicker und nicht Motorradfahrer unsere häufigsten Patienten. Schönen Tag noch."

Axel folgte dem grauen Bodenbelag durch ein Spalier von peinlichen Kunstdrucken an den Wänden um die nächste Ecke. Die Tür von Zimmer elf stand offen. Am Fenster lag ein Patient auf dem Bett und hackte auf einen Laptop ein, aber vor ihm thronte ein Mann mit bandagierten Armen und Beinen im Morgenmantel in einem Rollstuhl und sah Axel an. Axel kam der Mann bekannt vor.

„Guten Morgen, die Herren. Ich suche Kay Barker."

Der Mann am Fenster sah auf und klappte seinen Laptop zusammen.

„Das bin ich. Was steht an, Kollege?"

Axel zwängte sich an dem Rollstuhlfahrer vorbei und trat an das Bett. Kay Barker war ein dunkelhaariger Typ mit massigem Oberkörper und langen Koteletten. Sein eigentlich dunkles Gesicht war durch Krankenhaus-Blässe grau geworden. Er lag in dem weißen Krankenhausbettzeug auf dem Rücken. Die neueste Ausgabe von der Zeitschrift Motorrad war halb unter die Bettdecke gerutscht. Das linke Bein ragte auf einem blendend weißen Stützkissen aus dem Bettzeug heraus. Das Schienbein war vom Knie bis zum Fußgelenk mit dünnen Stahlstäben gespickt, die von massiven Schienen gehalten wurden. Axel zwang sich, den Blick von den Stellen zu nehmen, an denen die Stäbe in der Haut verschwanden.

„Ich bin Kommissar Schröder von der Mordkommission. Ich brauche Ihre Hilfe."

„Die Mordkommission braucht meine Hilfe? Ich dachte, die Akte sei geschlossen. Und wieso eigentlich Mordkommission? Das Ganze war doch ein Unfall. Ich bin das Opfer!"

Axel versuchte zu unterbrechen.

„Mal langsam, Herr Barker. Wir reden nicht von Ihrem Unfall. Und beschuldigt werden Sie erst recht nicht. Ich brauche eine paar Informationen über die Asphaltfresser."

Kay sah ihn überrascht an. Er brauchte einen Augenblick, um sich wieder zu beruhigen, dann nickte er unmerklich.

„Ich verstehe. Mir ist auch langsam klar geworden, dass ich jemandem vom Dark Rider berichten sollte. Beim ersten Mal dachte ich noch ..."

„Stopp, Herr Barker", unterbrach ihn Axel. „Darüber würde ich gerne unter vier Augen mit Ihnen reden."

Er wand sich zu dem Rollstuhlfahrer, der schon interessiert den Kopf verdreht hatte.

„Wäre es möglich, dass Sie uns für ein paar Minuten alleine lassen?"

Der Rollstuhlfahrer verzog das Gesicht.

„Sie gönnen einem armen alten Krüppel aber auch gar keine Abwechslung im Krankenhaus-Alltag. Wenn Sie mich loswerden wollen, müssen Sie mich schon herausschieben. Nehmen Sie meine Zigaretten von dem Tischchen und rollen Sie mich auf den Balkon. Da ist schon etwas Sonne."

Axel nahm die Zigaretten mit einem Feuerzeug und rollte den Mann auf den Balkon. Er war zu neugierig, um die Frage nicht zu stellen, die ihm auf der Zunge lag.

„Was ist denn mit Ihnen passiert? Beide Arme und beide Beine! Sind Sie aus dem Fenster gefallen?"

Der Rollstuhlfahrer zog eine Augenbraue hoch.

„Jetzt bin ich aber beleidigt. Haben Sie meine Geschichte nicht im Express gelesen? *Glück im Unglück* war die Überschrift. Ich arbeite seit zwanzig Jahren hier in der Uniklinik als Pfleger. Nach Dienstschluss bin ich mit meinem Roller losgefahren, aber nur zehn Meter weit gekommen, dann hat mich ein Baggerfahrer mit seiner Schaufel vom Roller gefegt. Hinter mir kam Frank Kohlmarkt, der Chef-Chirurg meiner Station in seinem Mercedes und überrollte mich. Beide Arme und beide Beine gebrochen! Immerhin war ich zehn Minuten später schon in der OP. Die sind nämlich mit der Krankentrage direkt von der Unfallstation bis zu mir gerollt und haben mich aufgeladen. Während der Kohlmarkt noch neben mir steht und Händchen hält, geht sein Pieper. Die haben ihn zurückgeholt, weil kein Kollege zur Verfügung stand. Also hat er zusammengeflickt, was er selbst gebrochen hatte. Und eine Stunde nach Feierabend war ich wieder auf meiner Station, als Patient. Ende der Geschichte. Und jetzt geben Sie mir eine Zigarette."

Axel unterdrückte ein Lachen und steckte dem Mann eine Zigarette in den Mund. Dann kannte er das Gesicht also aus dem Express. Er gab ihm Feuer.

„So geht's, rauchen kann ich alleine. Vergessen Sie nicht, mich gleich wieder reinzuholen. Hier draußen ist mir das zu gefährlich. Zu viele Bagger."

Kay erwartete ihn schon. Er musterte Axels Helm und Kombi und schien Vertrauen zu fassen.

„Du fährst selbst? Oder ist das nur Verkleidung?"

Axel zog einen Stuhl heran und setzte sich neben das Krankenbett.

„Nee, nee, meine CB 750 ist heute Morgen frisch durch den TÜV. Ich will auch am Samstag zum Treffen der Asphaltfresser. Im Forum sind alle ziemlich betroffen."

„Ich weiß. Ich bin der Administrator des Forums. Da geschieht nichts, ohne dass ich es mitbekomme."

„Aber wie geht das von hier, aus dem Krankenhaus?"

Kay blickte ihn einen Augenblick an und zuckte dann mit den Schultern. Er drehte den Laptop so, dass Axel auf den Bildschirm sehen konnte. Die Seite der Asphaltfresser war geöffnet, zusammen mit einem kleinen Fenster, in dem Programmiercode zu sehen war.

„Nach ein wenig Passwort-Hackerei kann ich mich in das drahtlose Netzwerk des Rechenzentrums hier einloggen. In dem Anbau da drüber steht der Sender."

„Dann haben Sie mich gestern im Chatraum angesprochen? Wieso habe ich Sie nicht mit Ihrem Forum-Namen sehen können?"

„Du hast das Login von Markus benutzt? Mann, habe ich mich erschreckt! Eigentlich wusste ich ja, dass das nicht Markus sein kann, aber irgendwie habe ich automatisch geantwortet. Und natürlich konntest du mich nicht sehen. Auf diesen Seiten bin ich Gott. Ich bin überall."

Axel bemühte sich, in die Rolle des Kommissars zurückzufinden. Er holte sein Notizbuch heraus, zückte den Kugelschreiber und fixierte Kay.

„Herr Barker, welche Informationen haben Sie über die Hintergründe der Unfälle von drei Forumsmitgliedern?"

„Über die Identität des Dark Riders kann ich nichts sagen. Als Avatar benutzt er ein Foto von Marilyn Monroe, aber ..."

„Moment, bleiben Sie beim Thema. Der Dark Rider ist ein anderer Fall, ich interessiere mich nur für die Unfälle."

„Aber ich rede doch von den Unfällen! Der Dark Rider hat

die drei im Chat angesprochen. Er hat sie zu einem Rennen herausgefordert!"

Axel richtete sich auf.

„Er hat sie zu einem Rennen aufgefordert? In einem Waldstück in der Eifel?"

„Genau! Bei Gunnar habe ich noch an einen Zufall geglaubt, als ich von dem Unfall hörte. Aber seit Jan hatte ich einen Verdacht."

„Warum haben Sie nicht die Polizei verständigt? Oder wenigstens die anderen Asphaltfresser?"

Kay bewegte sich unruhig auf dem Bett. Er drehte gestikulierend die Handflächen nach oben.

„Aber was hätte ich denn sagen können? Dass irgendjemand mit den beiden gesprochen hat? Dass es danach zwei Unfälle gab? Wie hätte meine Warnung ausgesehen? Leute, macht keine Unfälle, oder was?"

Er fuhr mit der Hand sein linkes Bein entlang bis zu dem Stahlgewirr.

„Ich weiß, wie schnell so ein Unfall geschieht. Und wie wenig man dagegen tun kann."

Axel war neugierig auf die Unfallgeschichte. Vielleicht wollte er herausbekommen, wie er den Unfall vermeiden konnte, der irgendwo in der Zukunft auf ihn wartete.

„Wie ist das denn passiert mit dem Bein?"

„Mir ist in einer Kurve ein Auto entgegengekommen, mit einer Achtzehnjährigen am Steuer, die seit zwei Wochen ihren Führerschein hatte. Die war viel zu schnell mit Papis dickem Mercedes unterwegs - Papi saß neben ihr als Beifahrer - und hat die Kontrolle verloren. Mich hat sie links erwischt, das Schienbein zertrümmert und mit Mann und Maschine in den Graben geschmissen. Sie selbst hat wohl vor Schreck Gas gegeben und ist gegen einen Baum geknallt, unangeschnallt. Die war sofort tot. Jedenfalls hatte ich noch nicht einmal Zeit, das Wort Unfall auch nur zu denken. Das Auto war da und ich lag im Dreck. Dazwischen gab es nichts."

In Axels Fantasie spulten sich Bilder des Unfalls wie ein hektisch geschnittener Videoclip ab. Der Umriss eines Autos, das schnell näher kommt und ein abrupter Schwenk in die Vertikale mit einer Nahaufnahme des Straßenbelags, während sich im Hintergrund das Auto aufbäumt.

„Nicht schön, das mit dem Mädchen."

Kay seufzte.

„Das stimmt, gar nicht schön, das mit dem Mädchen. Der Vater hat so eine Art Nervenzusammenbruch bekommen und ging mir an die Gurgel, während ich noch auf der Straße lag. Den mussten andere Autofahrer wegzerren. Aber verdammt, ich fuhr nicht schnell und war auf meiner Straßenseite. Ich habe nichts falsch gemacht. Dafür passt mein Schienbeinknochen jetzt in eine Wundertüte. Die Geschichte des Kollegen im Rollstuhl da draußen ist spektakulär, aber der hat glatte Brüche, der kommt bald wieder raus. Bei mir ist unklar, wie lange das noch dauern wird. Falls das überhaupt wieder zusammenwächst. Aber natürlich: Das Mädchen ist tot. Das ist noch schlimmer."

Axel wollte dringend das Thema wechseln.

„Aber Sie denken trotzdem schon wieder ans Motorradfahren, was?"

Er deutete auf die Motorradzeitung unter der Bettdecke.

Kay holte sie hervor und blätterte sie auf. Seufzend drehte er das Heft um und hielt es Axel hin.

„Der Langstreckentest der aktuellen Z 1000 macht mir den Mund wässerig. Die Jungs von Motorrad kriegen das immer so hin, dass man sich am liebsten sofort auf die Maschine setzen und losfahren möchte. Meine Kiste ist ein wirtschaftlicher Totalschaden. Außerdem kann ich mit einem ordentlichen Schmerzensgeld rechnen. Die Kawa wäre schon nett ..."

Axel überflog die Fotos auf der Doppelseite. Eine schwarze Kawasaki schlängelte sich einen Alpenpass hoch, der Fahrer hing konzentriert auf ihr. Man konnte sein Gesicht unter dem Helm schlecht erkennen, aber das Bild versprach so viel Fahrvergnügen, dass Axel sich sofort in den Fahrer hineinversetzte. Auf einem kleineren Bild weiter unten auf der Seite lehnte er an einer Hauswand und begutachtete die Kawasaki, die auf dem Seitenständer vor ihm stand. Der Blick des Mannes sagte alles: Er hatte eine mächtig feine Fahrt hinter sich. Das Wort *Urlaubsplan* schoss durch Axels Kopf. Hatte er nicht bald eine Woche frei? Wie lange würde er für eine Alpentour brauchen? Kay drehte das Heft wieder zu sich herum und holte ihn damit zurück in die Wirklichkeit.

„Die Kawa sieht gut aus, aber Sie liegen im Krankenhaus und ich muss den Dark Rider finden. Wenn er die drei zu Rennen herausgefordert hat, bei denen es zu Unfällen gekommen ist, dann hat er so etwas wie eine Mitschuld. Mal ganz abgesehen von den anderen Rasereien, die nicht weniger gefährlich sind. Aber ich bin mir nicht sicher, ob wirklich der Dark Rider dahinter steckt. Im Chat kann sich jeder als Dark Rider ausgeben und unter einem Vorwand Leute in einen dunklen Wald locken. Was wissen Sie zum Beispiel über den Black Rebel Motorcycle Club?"

Kay legte seine Stirn in Falten.

„Black Rebel ...? Kommt mir irgendwie bekannt vor. Aber ich kenne niemanden, der in diesem Club ist. Sind die aus Köln?"

„Sieht ganz so aus. Markus Döhner und Jan Keimel waren anscheinend Mitglieder. Die haben auch ungewöhnlich viele Motorrad-Teile in ihren Garagen. Wir prüfen gerade, wo die her sein mögen. Fällt Ihnen dazu irgendetwas ein?"

„Markus Döhner kannte ich nicht so gut. Ich kann mir nicht recht vorstellen, dass ein schwerer Junge bei den Asphaltfressern Mitglied ist, wenn er bei den Lucky Jokern oder bei den Black Motordings drinhängt. Andererseits ..."

„Was andererseits? Nun reden Sie schon, dem Kollegen auf dem Balkon wird langsam kalt!"

„Na ja, Gunnar, Jan und Markus wurden im letzten Jahr kurz hintereinander die Motorräder gestohlen. Alle drei Maschinen waren ziemlich neu. Und alle drei wurden tagsüber geholt, in aller Öffentlichkeit. Im Forum wurde spekuliert, ob die Diebe einen Schlüssel hatten. Richie hat nämlich gesehen, wie das eine der beiden Eisen gezockt wurde. Er meinte, das hätte keine fünf Sekunden gedauert. Von den beiden anderen Diebstählen kenne ich aber keine Details. Vielleicht solltest du mal mit dem reden, der den dreien die Motorräder verkauft hat. Dem traue ich nämlich alles zu. Und der kennt auch die richtigen Leute."

„Was soll das heißen?"

„AHS-Bike GmbH von Leo Nehls. Riesenladen, Megaumsatz, aber immer knapp auf Kante genäht. Der macht Geschäfte. Verstehst du?"

„Nein. Mann Gottes, reden Sie endlich weiter. Sie müssen keine juristisch wasserdichte Aussage machen. Ich will hören, was Sie denken!"

„Angenommen, du bist Motorradhändler. Du verkaufst ein neues Motorrad. Vorher hast du einen Zweitschlüssel gemacht. Du verkaufst diesen Schlüssel an Interessenten. An Lucky Joker oder Black Rebels, oder wen auch immer. Oder du benutzt den Schlüssel selbst und füllst günstig dein Ersatzteillager. Das Motorrad wird also gestohlen und die Versicherung zahlt. Der Bestohlene kauft sich bei dir ein neues Motorrad. Kein schlechter Deal, oder?"

„Tja. Da muss ich als Motorradhändler aber schon ganz schön verzweifelt sein. Allzu oft kann ich das Spiel auch nicht spielen, das wird schnell auffällig. Auf jeden Fall habe ich Lust bekommen, mal bei AHS-Bike reinzuschauen. Nur so aus Interesse."

Hinter Kays Kopf sah Axel den Rollstuhlfahrer auf dem Balkon mit den bandagierten Armen winken. Ein Windstoß hatte den Morgenmantel zurückgeweht und entblößte den armen Mann. Es wurde Zeit, ihn zu erlösen.

„Ich möchte, dass Sie den Chat des Asphaltfresser-Forums nicht aus den Augen lassen. Wenn sich der Dark Rider meldet, dann sagen Sie mir Bescheid. Außerdem suche ich nach weiteren Mitgliedern des Black Rebel Motorcycle Clubs. Hier ist meine Handynummer."

Axel reichte ihm eine Visitenkarte und stand auf, um den Rollstuhlfahrer wieder hereinzuholen. Der hielt seine Hände über dem Schoß verschränkt und feixte.

„Hätte ich mir nicht träumen lassen, dass ich einmal als Exhibitionist die Polizei bei ihrer Arbeit unterstützen würde. Kriege ich jetzt einen Sheriff-Stern?"

„Kann ich nicht versprechen. Mal sehen, was sich machen lässt."

Axel nahm seinen Helm und bemerkte Kays neugierigen Blick auf seine Handschuhe, die aus dem Helm herausragten. Axel zog sie an, spreizte die Finger und drehte die Handrücken nach vorne.

„Werde ich oft drauf angesprochen. Neuestes italienisches Modell, sehr exklusiv."

Kay sah ihn zweifelnd an.

„Könntest du mir trotzdem einen Gefallen tun? Würdest du meine Ente ausleeren? Bis eine Schwester kommt, bin ich geplatzt."

Axel nickte obwohl er sich nicht ganz sicher war, was eine Ente sein mochte. Dann sah er die Plastikflasche mit der röhrenförmigen Öffnung, die randvoll mit einer gelben Flüssigkeit am anderen Bettrand hing. Jetzt war es zu spät für einen Rückzieher. Mit seinen gepunkteten Handschuhen trug er die Flasche in die Toilette und leerte sie aus. Kay wirkte erleichtert.

„Alles klar, Herr Kommissar. Ich bleibe online. Und allzeit sichere Fahrt!"

Nicht noch einer, dachte Axel und verließ das Zimmer. Am Parkplatz schaltete er sein Handy wieder ein. Jemand hatte eine Nachricht auf seiner Mailbox hinterlassen. Er hörte sie ab.

„Kommissar Schröder, hier ist Dr. Hesse von der Intensivstation der Uni-Klinik. Ich benachrichtige Sie nicht gerne, aber der Koma-Patient Jan Keimel ist aufgewacht. Was so viel bedeutet wie, dass er manchmal kurzfristig ansprechbar ist. Ich würde ihm weiterhin Ruhe gönnen, aber ich habe die Anweisung, Sie zu informieren. Wenn Sie möchten, können Sie vorbeikommen und ihr Glück probieren."

Axel ging wieder zu dem Sprechloch in der Pförtnerloge. Der Mann las immer noch im Express. Wahrscheinlich versucht er, ihn auswendig zu lernen, dachte Axel. Er klopfte vorsichtig an die Scheibe. Der Pförtner sah kurz auf.

„Sechster Stock im Bettenhochhaus, nach dem Aufzug rechts herum."

„Nee nee, guter Mann, da war ich schon. Diesmal möchte ich zur Intensivstation, wo Komapatienten liegen."

Der Pförtner produzierte tatsächlich so etwas wie einen mitleidigen Gesichtsausdruck.

„Da hat es wohl alle Ihre Freunde gemeinsam erwischt, was? Muss ja eine Massenkarambolage gewesen sein. Die Intensiv-Station finden Sie jedenfalls im dritten Stock. Können Sie nicht verfehlen."

Und so schaltete Axel sein Handy wieder aus und begab sich zum zweiten Mal in das Hochhaus. Die Tür zur Intensivstation öffnete sich allerdings nicht von alleine. Er musste eine Klingel drücken und mehrere Minuten warten, bis ihm ein Mann in grüner OP-Kleidung mit Mundschutz öffnete. Axel nannte seinen Namen und fragte nach Dr. Hesse. Der Mann führte ihn in ein kleines Zimmer, in dem an einer langen Kleiderstange grüne Kittel hingen. Dort half er Axel, einen passenden Kittel zu finden und anzuziehen. Der Mann setzte ihm noch eine Art grüner Duschhaube auf den Kopf und bat, einen Augenblick zu warten. Wieder vergingen einige Minuten, in denen Axel ganz in Grün alleine in dem Zimmer stand. Schließlich stürmte ein graugesichtiger Arzt herein. Er kam ohne Umschweife zur Sache.

„Herr Kommissar, ich bin mir nicht sicher, ob der Patient ansprechbar sein wird, jedenfalls bitte ich Sie, höchstens ein paar Minuten bei ihm zu bleiben. Lassen Sie keine Stress-Situation entstehen. Ihr Handy ist selbstverständlich ausgeschaltet. Folgen Sie mir."

Axel schlich hinter dem Mann her. Vom Gang aus betraten sie einen großen Raum, in dem Stellwände die Patienten mit ihren Betten und Apparaten voneinander abtrennten. Ein leises elektrisches Summen lag in der Luft. Axel versuchte, die Menschen in ihren Betten zu ignorieren, bis der Arzt mit ihm vor einem Bett Halt machte. Auf den ersten Blick glaubte Axel, der Arzt habe ihn aus Versehen zum Bett eines Toten gebracht, so bleich und leblos lag Jan Keimel auf dem Laken. Lange blonde Locken umrahmten ein schmales Gesicht mit geschlossenen Augen. Die Arme lagen ordentlich neben dem Körper über der Bettdecke. Von all den Monitoren und Geräten rund um das Bett führten nur zwei Kabel an Finger und Handgelenk des Schlafenden. Axel musste schlucken. Ob dieser Mensch ihn hören würde?

Der Arzt legte ihm eine Hand auf die Schulter.

„Setzen Sie sich hierher. Sprechen Sie ihn vorsichtig an. Haben Sie Geduld. Ich bin gleich wieder bei Ihnen."

Die leisen Schritte des Arztes entfernten sich. Axel setzte sich auf einen niedrigen Hocker nah am Kopf des Mannes.

„Jan Keimel, können Sie mich hören? Hallo, Herr Keimel. Bitte wachen Sie auf!"

Der Kranke wand den Kopf von Axel ab und stöhnte. Die Augenlider flackerten, aber er gab keine Antwort. Axel wartete einen Augenblick, dann versuchte er es wieder.

„Jan Keimel, hören Sie mich? Wie ist es zu Ihrem Unfall gekommen? Waren Sie allein?"

Diesmal wand der Mann den Kopf zu ihm und öffnete ein Auge. Das schaute in Axels Richtung, ohne ihn wirklich zu sehen.

„Waren Sie allein, als sich der Unfall ereignete?"

Ein Stöhnen kam als Antwort, das sich langsam in ein Gemurmel verwandelte.

„Mmh, ich ... nnnä ... dageider ... darg ... darkrider ..."

„Sie haben dort den Dark Rider getroffen? Ist das richtig?"

„Mmh ... oh ... ja. Ja!"

„Und was ist dann geschehen?"

Jetzt hörte Axel nur noch unverständliches Gemurmel. Wahrscheinlich erzählte Jan Keimel die ganze Geschichte, sie war nur leider nicht verständlich.

„Herr Keimel, ich kann sie nicht verstehen. Bitte sagen Sie noch einmal, was vorgefallen ist."

Der Mann schwieg einen Augenblick. Er bewegte die geschlossenen Lippen, als wolle er die Worte vorformen. Dann sprach er mit großer Anstrengung.

„... mich ab ... abgedrängt ..."

Axel richtete sich elektrisiert auf.

„Sie wurden von der Straße gedrängt?"

Jan Keimel bewegte den Kopf langsam zu einem Nicken.

„Der Dark Rider hat sie während der Fahrt in den Wald gedrängt?"

Axels Frage blieb unbeantwortet. Jan Keimel schien eingeschlafen zu sein. Axel war nahe daran, den schlafenden Mann wieder zu wecken. Er brauchte eine klare Aussage, um gegen den Dark Rider mit dem Verdacht auf Mord oder Totschlag vorzugehen. Sollte er Keimel wachrütteln, obwohl seine Aussagen wahrscheinlich so undeutlich bleiben würden wie gerade? Der Arzt nahm Axel die Entscheidung ab.

„So, das muss reichen! Draußen wartet schon eine Angehörige", klang seine Stimme hinter Axels Rücken.

Axel stand ohne Widerrede auf und folgte dem Arzt. Auf dem Gang traute er sich, die andächtige Stille der Intensivstation zu durchbrechen.

„Eine Angehörige? Wer ist das denn? War sie schon häufiger hier?"

Der Mann blieb stehen und wand ihm sein erschöpftes Gesicht zu.

„Lebensgefährtin nennt man das wohl. Die junge Frau war in den letzten Wochen fast jeden Tag hier. Obwohl der Patient nicht bei Bewusstsein war. Ich habe sie sofort angerufen, nachdem er heute aufgewacht ist. Hoffentlich haben Sie die Energie des Mannes für heute nicht aufgebraucht."

Der Arzt blieb vor dem kleinen Umkleidezimmer stehen und ließ Axel hineingehen. Eine junge Frau mit blondem Pferdeschwanz wartete ungeduldig auf ihn. Sie hatte den grünen Stationskittel bereits an und blickte ihm mit gerunzelter Stirn entgegen. Der Arzt hatte ihr offensichtlich mitgeteilt, dass er Polizist war. Bevor Axel etwas sagen konnte, trat sie ihm entgegen.

„Wie geht es ihm? Ist er wach?"

Ihre Stimme zitterte vor Anspannung. Die Sorge um ihren Freund überwog den Ärger über Axels Anwesenheit. Axel war unbehaglich zumute. Er wollte eine gute Nachricht überbringen und war sich gleichzeitig sicher, dass Jan Keimel in den nächsten Stunden wieder schlafen würde.

„Er, äh, hat mich verstanden und auch selbst gesprochen. Er war bei klarem Verstand. Als ich ging, schlief er gerade wieder ein. Alles wird gut, Frau ...?"

„Ich bin Karin Anger. Ob alles gut wird, können Sie überhaupt nicht beurteilen. Lassen Sie mich durch. Ich will zu ihm."

Sie drängte sich an Axel vorbei. Er hörte zu, wie sich ihre Schritte auf dem Gang entfernten und zog sich langsam aus. Als er seinen Kittel aufhängte, bemerkte er auf der Ablage einen kleinen schwarzen Rucksack und einen zweiten Motorradhelm neben seinem. Sie war also auch mit einem Motorrad unterwegs. In seinen Akten hatte er ihren Namen nicht gefunden. Vielleicht kannte sie die anderen Unfallopfer und die Asphaltfresser. Er musste unbedingt mit ihr reden.

Es vergingen mehr als zwanzig Minuten, bis sie mit dem Helm und dem Rucksack in der Hand zu ihm auf den Gang vor der Intensivstation trat. Sie hatte geweint und sie war sauer, dass er es bemerkte. Axel konnte ihrem Gesicht ablesen, dass sie ihn am liebsten stehen gelassen hätte, aber es war ihr klar, dass er dies nicht zulassen würde und er bewunderte sie für die Entschlossenheit, mit der sie sich ihm stellte.

„Jan ist nur noch kurz wach geworden. Er hat mich nicht erkannt. Ich werde ihn später noch einmal besuchen. Der Arzt sagt, er sei jetzt auf der sicheren Seite. Mit etwas Glück ist er in drei Monaten vollkommen wiederhergestellt."

Sie sah ihn abwartend an. Axel wollte das Eis brechen. Er blickte sie freundlich an und lächelte.

„Ich freue mich sehr darüber. Es tut mir leid, dass ich ihn eben behelligt habe. Wie Sie vielleicht wissen, ist wieder ein Motorradfahrer an der gleichen Stelle tödlich verunglückt. Ich versuche zu verhindern, dass noch jemand auf der Intensivstation landet."

Axel meinte das ernst. Das bleiche Gesicht von Jan Keimel hatte ihn betroffen gemacht. Er blickte zu Boden. Ein Augenblick absoluter Stille verging. Ihre blauen Augen schienen misstrauisch zu leuchten. Dann legte sie ihm eine Hand auf den Unterarm.

„Ist ja schon gut, Sie haben Recht. Sie wollen mich sicher befragen. Trinken wir in der Cafeteria einen schlechten Kaffee?"

Axel nickte dankbar und trottete neben ihr her zu einer modernen Cafeteria mit orangefarbener Wischtechnik an den Wänden. Kaffee gab es nur aus einer vollautomatischen Maschine, die mit Euro-Stücken gefüttert werden musste. Dafür konnten sie zwischen Espresso, Kaffee und Milchkaffee wählen und die braune Flüssigkeit roch tatsächlich annehmbar. Sie suchten einen Platz am Fenster und kosteten den Kaffee. Er war gut. Axel fiel auf, dass er sich noch nicht vorgestellt hatte. Er versuchte es noch einmal mit einem Lächeln.

„Frau Anger, ich bin Axel Schröder von der Kripo Köln. Ich versuche herauszufinden, ob Ihr Freund und die anderen Verunglückten einem Verbrechen zum Opfer gefallen sind. Ich weiß, dass der Dark Rider im Forum der Asphaltfresser zu Rennen aufgefordert hat. Hat Jan Keimel davon erzählt?"

Ihre Hand mit der Kaffeetasse zitterte leicht. Karin Anger rang offensichtlich um Fassung. Axel fragte sich, ob es die Sorge um ihren Freund war, die sie so aufwühlte. Schließlich hatte sie vorhin eine gute Nachricht erhalten.

„Der Dark Rider hat nichts damit zu tun!"

Sie schleuderte ihre Worte heraus. Das klang nicht besorgt, sondern zornig. Axel war irritiert.

„Wie können Sie das so genau wissen?"

Sie biss sich auf die Unterlippe. Dann schüttelte sie leicht den Kopf und sah ihn herausfordernd an.

„Ich weiß es eben. Der Dark Rider fährt geile Stunts, aber er gefährdet niemals jemand anderen dabei."

„Sie sagen das so sicher. Kennt Jan den Dark Rider? Kennen Sie ihn?"

Wieder dieses leichte Kopfschütteln.

„Niemand kennt den Dark Rider. Ich habe nur in der Zeitung über ihn gelesen."

Diesmal setzte sie ein Lächeln ein. Axel war bereit, ihr einen Pokal für die schlechteste Lüge Kölns zu verleihen. Er ärgerte sich und zeigte es ihr auch.

„Ich verstehe nicht, wie Sie Jan und den anderen so helfen wollen. Wenn der Dark Rider unschuldig ist, gibt es vielleicht einen anderen Verantwortlichen. Aber den finden wir nur, wenn der Dark Rider entlastet wird. Sagen Sie mir, was Sie über Jans Unfall wissen."

„Jan hatte mir von Gunnars Unfall erzählt. Er war tief erschüttert, Gunnar war einer seiner besten Freunde. Das Gerede vom Dark Rider kursierte selbstverständlich auch unter den Asphaltfressern, aber das war nicht konkret. An dem Tag, an dem Jan verunglückte, hat er sich von mir verabschiedet. Er wollte eine ganz normale Tour in die Eifel machen. Das Wetter war so schön. Ich musste arbeiten, sonst wäre ich mitgefahren ..."

Ihre Hand zitterte wieder. Sie nahm sich zusammen.

„Ich habe von Markus gehört. Er war auch ein Freund von uns. Ich weiß nicht, was das alles zu bedeuten hat. Wir sind ganz normale Motorradfahrer! Wir fahren gerne schnell, aber das ist nichts Besonderes. Ich habe Angst. Ich würde alles dafür tun, zu verstehen, was hier vorgeht."

Diesmal glaubte Axel ihr jedes Wort.

„Haben Jan und seine Freunde über die Lucky Joker gesprochen?"

Sie blickte ihn verständnislos an.

„Na ja, wir haben über diese peinliche Altherren-Trachtengruppe gelacht, die mit ihren Badewannen nur geradeaus fahren kann. Aber was hat das mit den Unfällen zu tun?"

Ihre Ahnungslosigkeit wirkte wieder glaubwürdig. Axel versuchte es von einer anderen Seite.

„Wissen Sie, dass Jan vor einiger Zeit ein Motorrad gestohlen wurde? Was hat er darüber gesagt?"

„Er hat sich furchtbar aufgeregt! Das Bike war fast neu und er hatte den ganzen Ärger mit der Versicherung. Es dauerte lange, bis er wieder eine eigene Maschine fuhr, währenddessen ging der Sommer dahin. Ich habe ihm oft meine Guzzi geliehen. Aber das war nicht gut."

„Warum? War ihm eine Moto Guzzi nicht sportlich genug?"

„Jetzt bin ich aber beleidigt. Ich fahre eine V 11 Le Mans, die ist verdammt sportlich. Nein, das Problem war erstens, dass Jan mit der Guzzi nicht besonders gut umgehen konnte. Das Teil fährt halt nicht von alleine, so wie die ganze japanische Massenware. Und zweitens wollte ich selbst in dieser Zeit Motorrad fahren, ist doch logisch. Da hätten Sie ruhig selbst drauf kommen können, Herr Kommissar!"

Sie lächelte spöttisch. Axel fand, dass sie damit Recht hatte.

„Sie können mir also keinen Hinweis darauf geben, ob der Diebstahl von Jans Motorrad vielleicht in einem Zusammenhang mit seinem Unfall steht?"

„Was meinen Sie damit? Welcher Zusammenhang könnte das denn sein?"

Axel gab es auf. Wenn Sie ihm nicht helfen wollte, konnte er sie nicht dazu zwingen. Er zog seine Brieftasche und sein Notizbuch aus der Jacke.

„Ich gebe Ihnen meine Visitenkarte. Vielleicht kommt der Moment, in dem Ihnen doch noch etwas Interessantes zu den Unfällen einfällt. Wo erreiche ich Sie, falls ich noch eine Frage habe?"

Sie nannte ihm eine Telefonnummer und nahm zögernd die Visitenkarte. Widerwillig steckte sie sie in ihren Rucksack. Als sie den Reißverschluss zuzog, sah Axel eine silberne Digitalkamera glitzern. Zum Abschluss übte er sich noch einmal im charmanten Umgang.

„Sie haben eine DigiCam dabei? Sind Sie so etwas wie eine Hobby-Filmerin?"

Offensichtlich war sein Konversationsversuch nach hinten losgegangen, denn sie blickte ihn wieder extrem misstrauisch an. Plötzlich lachte sie.

„Ja, ich filme gerne, was um mich herum geschieht. Vor allem, wenn es schnell ist. Wenn Sie wissen, was ich meine."

Axel nickte eifrig. Er wusste nicht, was sie meinte, aber das war egal. Er hatte das Gefühl, dass die junge Frau ihn mochte, und dieses Gefühl genoss er.

Sie gingen gemeinsam nach draußen. Er war froh, aus der Krankenhaus-Atmosphäre heraus in die Sonne zu kommen. Leider stand ihre Moto Guzzi nicht neben seiner Honda, sondern ein gutes Stück entfernt hinter einem Anbau. Er verabschiedete sich und sah ihr zu, wie sie davonschlenderte.

Als er Helm und Handschuhe angezogen hatte, grollte hinter seinem Rücken ein markiges Motorgeräusch. Er drehte sich um und sah Karin Anger gerade noch von hinten. Vor ihr fuhr, von der roten Moto Guzzi halb verdeckt, ein schwarzes Motorrad.

Er startete die Honda und freute sich über den Sound. Der Motor war noch kalt, aber er gab tüchtig Gas bis zur nächsten Ampel. Ein Krankenwagen stand neben ihm und die beiden Sanitäter schauten missbilligend zu ihm herunter. Axel lächelte zurück. Als die Ampel grün wurde, schoss er mit viel Gas über die Kreuzung.

11.

„Okay, die Stelle habe ich dir beschrieben. Du kannst ja vorher ein paar Testrunden drehen. Morgen um zwölf erlebst du dann dein blaues Wunder."

„Nein, du bist derjenige, der sich wundern wird, du Großmaul. Ich fahre besser als die anderen drei. Ich falle nicht vom Bike."

12.

Axel bog auf den Parkplatz des Polizeipräsidiums ein. Schwungvoll ließ er die Honda bis zu seinem Parkplatz vorpreschen, aber dann überlegte er es sich anders und stellte sie direkt neben dem Haupteingang auf den Seitenständer. So sah sie erstens schnittiger aus und zweitens würden die Kollegen sie dort besser wahrnehmen. Sonderermittler Axel Schröder war im Einsatz! Auf den Straßen Kölns herrschte Ruhe und Ordnung!

Vom eigenen Schwung mitgerissen, beschloss Axel, die Treppe zu nehmen. Schließlich sollte die Kombi bald wieder richtig passen. Das bereute er allerdings spätestens im dritten Stock. Die Kombi war einfach verdammt winddicht. Als er in seinem Zimmer im fünften Stock angekommen war, hatte er den Reißverschluss bis in den Schritt heruntergezogen.

Sein Schreibtisch war so gut wie leer. Die Kollegen hatten

sich alte Fälle geholt und neue um ihn herumgeleitet. Eine einsame Kurzmitteilung von Kollege Krauss klemmte unter seiner Tastatur. Axel platzierte seinen Helm dekorativ auf dem Schreibtisch und ließ sich auf den Bürostuhl fallen. Er startete seinen Computer und studierte die Mitteilung des Kollegen Krauss. Markus Döhner schien auf den ersten Blick sauber zu sein. Rahmen und Teile waren nirgends als gestohlen gemeldet. Krauss wollte aber noch weiter recherchieren und erbat sich ein paar Tage Zeit.

In Sachen Black Rebel MC bleibe ich dran, schrieb er. *In unserer Datei finde ich nichts, aber ich habe mal herumgefragt und bei vielen Kollegen klingelt irgendwie die Glocke, ohne dass sie darauf kommen, woher sie den MC kennen. Du hörst von mir, Dark Rider ...*

Axel starrte aus dem Fenster über das sommerliche Köln. Die drei Unfälle blieben rätselhaft. Es gab keine Anzeichen von Fremdverschulden. Der Dark Rider war höchstwahrscheinlich vor Ort gewesen, aber welche Rolle er gespielt hatte, blieb unklar. Es gab merkwürdige Diebstähle und zerlegte Motorräder, aber der MC, der möglicherweise dahinter steckte, war unbekannt.

Axel hackte auf seiner Tastatur herum, bis er im Informationssystem des Kölner Polizeipräsidiums zwei Suchaufträge laufen hatte. Er wollte die Akte von Kay Barkers Unfall lesen und wissen, was über die AHS-Bike GmbH und Leo Nehls zu finden war. Das Computersystem war brandneu und technisch auf dem höchsten Stand. So lautete die offizielle Beschreibung. Tatsächlich würde der Computer aber einige Minuten lang vor sich hin brüten, bevor er ein Ergebnis anzeigte. Axel hörte aus der Tiefe der geöffneten Kombi seinen Magen knurren. In den letzten Minuten hatten auf dem Gang die *Mahlzeit!*-Rufe deutlich zugenommen. Die Zeit war reif für einen Kantinenbesuch.

Im Aufzug studierte er die Beschreibung des Tagesgerichtes. *Griechischer Hackbraten an Baguette mit Zwölf-Kräuter-Soße* stand da, was Axel richtig als Frikadelle auf Brot mit Ketchup übersetzte. Auf das Schlimmste vorbereitet, betrat er die Kantine und schnappte sich ein Tablett. Die Schlange vor der Essensausgabe war noch nicht besonders lang. Ziemlich schnell hatte er seine Bulette auf dem Teller und balancierte sein Tablett zwischen den Tischen durch. Nah am Fenster saßen ein paar Motorradpolizisten in froschgrünem Leder. Kurz entschlossen setzte er sich zu ihnen.

„Tach, Kollegen. Na, bei dem Wetter macht das Fahren doch wieder Spaß, oder?"

Diese Eröffnung war ziemlich plump, aber Axel hatte normalerweise wenig Kontakt mit den Kollegen von der Motorradstaffel. Die Beamten sahen zu ihm herüber, checkten seine Kombi ab und nickten. Er war willkommen.

„Aha, der Hondafahrer mit dem frischen TÜV. Das Wetter ist also mild genug. Dann sind ja bald alle Sonntagsfahrer wieder auf den Straßen."

Axel nahm die Spitze hin. Der Mann hatte ja Recht. Er und seine Kollegen fuhren noch auf ihren BMWs durch die Gegend, wenn er schon längst die Autoheizung auf Maximum stellte.

„Was gibt's Neues vom Dark Rider?", fragte er, während er sich durch den Hackbraten quälte.

„Seit dem Radarfoto ist es ruhig geblieben. Der Mann muss ja tagsüber arbeiten, nehme ich an. So eine Hayabusa kriegt man nicht geschenkt."

Ein kleiner, rundlicher Kollege lehnte sich vor, um Axel besser ansprechen zu können.

„Vor zwei Wochen dachte ich, ich hätte ihn. Über Funk hieß es, ein schwarzes Motorrad habe auf der Inneren Kanalstraße zwei Ampeln auf dem Hinterrad überfahren. Ich war am Bilderstöckchen und sah plötzlich ein schwarzes Bike in Richtung Autobahnauffahrt fahren. Da habe ich voll Stoff gegeben und die Maschine überholt, bevor sie richtig in Fahrt kommen konnte. Dabei sah ich, dass es eine Hayabusa war und freute mich schon auf die Verfolgungsjagd. Aber die Maschine fuhr ganz gesittet rechts ran, der Fahrer stellte den Motor aus, nahm den Helm ab, und - was soll ich euch sagen -, eine Blondine schüttelte ihre Locken heraus und fragte mich ganz erschrokken, was sie denn bloß falsch gemacht habe. Ich habe sie überprüft, natürlich war alles in Ordnung, das Kennzeichen nicht umgebogen und lesbar, die Hayabusa auf ihren Freund zugelassen. In der Zwischenzeit kamen auch widersprüchliche Meldungen über Funk, die gesuchte Maschine sei woanders gesehen worden. Kollegen hatten nämlich am Rhein eine Yamaha angehalten, die zu schnell unterwegs war. Als mein blonder Engel dann gestand, dass sie noch nie bis in den letzten Gang geschaltet hatte, war für mich der Fall klar. Ich habe ihr geraten, dass auch erst mal sein zu lassen oder sich besser gleich ein anderes Moped zu besorgen, einen kleinen Cruiser oder so etwas. Sie hat gelacht und sich für den Ratschlag bedankt."

„Wenn es der Dark Rider gewesen wäre, hättest du mit der BMW durchaus Chancen gehabt, ihn einzuholen - allerdings nur auf den ersten zwei Metern!", unterbrach ein Blonder mit Kurzhaarschnitt.

„Das stimmt schon. Wenn wir den Typen wirklich kriegen wollen, müssten wir mit unseren privaten Kisten unterwegs sein. Mit meiner Fireblade würde ich mir den Spinner holen."

„Da wäre ich vorsichtig. Ich glaube, das ist so einer, der sich nur vom Krankenwagen nach Hause fahren lässt. Der würde dich sogar von der Straße drängen, wenn es hart auf hart kommt."

Axel sah den Beamten interessiert an.

„Glaubst du, man kann als Motorradfahrer eine andere Maschine abdrängen, ohne selbst den Asphalt zu küssen?"

„Tja, schwere Frage. Wenn du weißt, was du tust und den anderen überraschend touchierst, dann kann der vielleicht absteigen, ohne dich mitzureißen. Ich möchte das nicht ausprobieren."

Der kleine Beamte lehnte sich wieder vor.

„Damals mit den Fahrrädern haben wir das anders gemacht. Ein kurzer Zug am Lenker und Schwupps, ging die Kiste in die andere Richtung ab. Die Physik ist da unerbittlich. Wenn du rechts einen Impuls gibst, fährst du links herum. Mit einem Motorrad kommst du am besten rechts von der anderen Maschine längsseits, dann kannst du mit rechts weiter Gas geben und mit links kurz herüberlangen. So besteht auch keine Gefahr, dass der andere in dich hereinstürzt."

Der Blonde lehnte sich zurück und verschränkte die Arme.

„Vielen Dank für den Tipp. Wenn der Dark Rider das nächste Mal mit zweihundertsiebzig km/h an mir vorüberrauscht lehne ich mich kurz rüber und ziehe an seinem Lenker. Ich weiß nicht ... Vielleicht würde ich ihn dann doch lieber mit einem Bulldozer rammen."

Axel schob seinen Teller zurück und tat so, als sei er empört.

„Na, ihr seid ja hart drauf. Die Polizei, dein Freund und Helfer, kommt mit dem Bulldozer!"

Der Blonde verzog das Gesicht. Es war ihm ernst.

„Also erstens macht sich dieser dunkle Reiter über uns lustig und sorgt dafür, dass wir jede Menge Druck kriegen, von dem wir schon genug haben. Zweitens schadet der dem positiven Bild vom Motorradfahrer in der Öffentlichkeit, an dem alle Biker lange gearbeitet haben. Ein paar solcher Typen können dafür sorgen, dass noch mehr Geräuschbegrenzungen und Fahrverbote Wirklichkeit werden. Und drittens macht es einfach keinen Spaß, nach einem Motorradunfall Leichenteile zusammensuchen zu müssen. Oder jemanden auf die Intensivstation zu schicken."

Axel nickte mit düsterem Blick.

„Ich war heute bei einem Komapatienten. Einem der drei Unfallopfer aus der Eifel. Habt ihr davon gehört?"

Alle am Tisch wurden lebhaft. Sie schienen schon über das Thema gesprochen zu haben.

„Ja klar, wir sind Polizisten und Motorradfahrer, da interessiert uns so etwas doppelt. Es gibt zwar Unfallschwerpunkte, an denen im Sommer an jedem Wochenende Motorradfahrer verunglücken. Aber so schnell hintereinander und mit solch tödlichem Ausgang ... Wir können uns das nicht erklären. Normal ist das nicht. Wie ist deine Theorie?"

Axel zögerte einen Moment. Über den Dark Rider schienen sie keine Informationen zu haben, also konnten sie über Zusammenhänge nur spekulieren. Er versuchte es mit der zweiten Fährte.

„Zumindest ein Opfer war anscheinend in einem Club, dem Black Rebel Motorcycle Club. Möglicherweise ist der Club in Diebstähle und Hehlerei verwickelt. Das könnte den Lucky Jokern missfallen haben."

Für einen Augenblick schwieg die Runde. Schließlich ergriff der kleine Polizist das Wort.

„Wenn ein Kollege neu zu uns kommt, kriegt er eine spezielle Einweisung für die Gegend zwischen den Ortsteilen Rodenkirchen und Weiss. Nämlich sein Motorrad dort nicht aus den Augen zu lassen. Die Lucky Joker haben nah am Campingplatz am Rheinbogen ihr Clubhaus. Wenn in deren Revier ein Bullenmotorrad unbeaufsichtigt herumsteht, brennt das ganz schnell. Wir haben drei BMWs verloren, bis wir den Zusammenhang begriffen. So viel zur Entschlusskraft der Lucky Joker."

„Nachweisen können wir denen natürlich gar nichts", unterbrach ein anderer Beamter.

„Verurteilungen gibt es nur wegen Kleindelikte. Und auch die liegen schon lange zurück. Entweder sind die Lucky Joker sehr clever. Oder man vermutet sie hinter jedem ungeklärten Fall, obwohl sie überhaupt nichts damit zu tun haben. Vielleicht ist der Mythos Lucky Joker größer als die wirklichen Aktivitäten."

Der große Blonde stand auf und begann, Kaffeetassen auf einem Tablett einzusammeln.

„Tatsache ist jedenfalls, dass unsere Schicht jetzt anfängt. Männer, auf die Pferde! Wir reiten los."

Axel verabschiedete sich und beobachtete, wie die Truppe mit ausgebeulten grünen Hosenböden davonzockelte. Diese Kombis mussten dringend neu gestylt werden, und zwar unter absolutem Verbot der Farbe Grün.

13.

Mittlerweile hatte sein Computer tatsächlich ein paar Fundstellen im Datenmeer hervorgezaubert. Axel gestand sich ein, dass sein Interesse an Kay Barkers Unfall nicht streng kriminalistischer Natur war. Er wollte ein paar Bilder sehen, um sie mit seiner Vorstellung vom Unfallszenario vergleichen zu können. Die Fotos der Unfallaufnahme waren dafür zu sachlich, aber der tragische Fall hatte den Weg in die Lokalpresse gefunden. Ein Bericht der Kölnischen Rundschau zeigte die Unfallstelle mit dem Autowrack im Vordergrund und Kays Maschine am Straßenrand. Vor dem Auto kniete mit dem Rükken zur Kamera ein Mann. Er beugte sich über eine Gestalt am Boden und raufte sich dabei die wenigen roten Haare über den Ohren, die seine Glatze noch hergab. *Der Vater der Toten erlitt am Unfallort einen Nervenzusammenbruch,* erklärte die Bildunterschrift. Das war Axel zu emotional. Schnell klickte er den Vorgang weg.

Die AHS-Bike GmbH hatte keine eigene Akte, tauchte aber mehrfach in anderen Vorgängen auf. In sechs Fällen von Diebstahl waren die gestohlenen Motorräder bei der Firma gekauft worden. Die anderen Hinweise auf AHS-Bike standen in Akten der Kollegen aus dem Betrugsdezernat. Die GmbH war die dritte Firmengründung in sechs Jahren, bei der Leo Nehls beteiligt war. Die beiden anderen Firmen handelten mit Racing-Teilen für Motorräder und mit Bekleidung, und beide waren spektakulär in Konkurs gegangen. Die Untersuchungen der Kollegen hatten aber keine Beweise für einen betrügerischen Konkurs erbracht, so dass die Ermittlungen eingestellt wurden.

Als letzten Eintrag fand Axel ein Prozessprotokoll, das mehr als zwölf Jahre alt war. Leo Nehls war in einem Prozess gegen die Lucky Joker wegen Schutzgelderpressung angeklagt worden. Der Belastungszeuge hatte aber vor Gericht seine Aussage widerrufen. Leo Nehls wurde freigesprochen.

Axel beschloss, diesem liebreizenden Gesellen einen Besuch abzustatten. Er fuhr den Computer herunter und schnappte sich seinen Helm. Seine Stiefel quietschten, als er die steinernen Stufen der Treppe hinunterstieg. Im ersten Stock kam ihm die wuchtige Gestalt von Behrend entgegen. Der Mann zog sich am Geländer die Stufen hoch. Er blieb stehen und wischte sich Schweiß von der Stirn. Die Augen des Hauptkommissars wanderten zum offenen Reißverschluss der Kombi und warfen einen prüfenden Blick auf Axels Bauchansatz.

„Bewegungsmangel, sagt mein Doc. Also Treppensteigen, nicht wahr, Schröder? Bei dieser Kantine wäre es allerdings besser, ich würde am Fuß der Treppe stehen bleiben ..."

Er zeigte auf Axels Helm.

„Kollege Krauss hat mir erzählt, dass Sie möglicherweise einer Hehlerbande auf der Spur sind. Black Rebel Club, oder so. Die kenne ich! Zumindest kommt mir der Name bekannt vor, auch wenn wir bisher in den Akten nichts gefunden haben. Vielleicht haben mir Kollegen aus einem anderen Bundesland bei einem Kongress von denen erzählt und jetzt wurde hier eine Filiale aufgemacht. Mir fällt bestimmt noch ein, woher ich den Namen kenne."

Axel versuchte, Behrends Gehirn noch ein paar Assoziationshilfen auf den Weg zu geben.

„Diese Hehlerbande wäre der natürliche Feind der Lucky Joker. Ich bin gerade auf dem Weg zu einem Motorradhändler, der möglicherweise alte Kontakte zu den Jokern pflegt. Fällt Ihnen bei den Namen AHS-Bike GmbH und Leo Nehls etwas ein?"

Behrend sah ihn erstaunt an.

„Bei dem habe ich meiner Nichte eine Vespa gekauft. Ein guter Verkäufer. Der ist ein alter Kunde von uns? Das hätte ich nicht gedacht. Das Leben ist manchmal merkwürdig. Und voller Zufälle. Schröder, gehen Sie nicht zu schnell von krimineller Energie aus. Diese Unfälle haben höchstwahrscheinlich einen Zusammenhang. Aber dahinter muss nicht das organisierte Verbrechen stehen. Wie gesagt, das Leben ist manchmal merkwürdig."

Behrend setzte wieder eine seiner seltenen schalkhaften Grimassen auf.

„Mit dieser fundierten kriminaltechnischen Aussage habe ich Ihnen bestimmt enorm weitergeholfen. Deshalb bin ich schließlich Hauptkommissar. Fahren Sie schön vorsichtig, Schröder."

Er stapfte weiter die Treppe hoch. Axel sah ihm versonnen hinterher. Gab es irgendwo einen klaren Beweis für ein Verbrechen, den er bisher übersehen hatte? Langsam nahm er die letzten Stufen bis zum Erdgeschoß. Durch die breite Glasschiebetür des Haupteingangs sah er die Sonne über dem Parkplatz brüten. Auf dem schwarzen Kunstleder der Honda-Sitzbank flirrte die Hitze. Links von der Schiebetür zeigte ein Pfeil auf einem Plastikschild neben dem Wort *Asservatenkammer II* Richtung Treppenabgang, wo es auf dunklen Betonstufen in die Tiefgarage ging. Angenehm kühle Luft zog von dort in Axels Kombi. Er beschloss, die Unfallmotorräder in Augenschein zu nehmen.

Das Wort *Asservatenkammer* hatte nichts mit dem zu tun, was unten auf ihn wartete. Die vielen kleinen Beweisstücke zu aktuellen Kriminalfällen im Großraum Köln, die möglicherweise vor langer Zeit einmal in eine einzige Kammer gepaßt hatten, verteilten sich schon lange in endlosen Regalen auf dem zweiten Stock. Hier in der Tiefgarage standen die großen Beweis-Objekte. Axel spazierte an der Corvette eines flüchtigen Etablissement-Besitzers vorbei, begutachtete ein Wohnmobil mit aufgeschnittenen Seitenteilen, in denen sich ein Kokain-Polster befunden hatte und blickte schaudernd auf ein riesiges Schlauchboot mit einem blutverschmierten Außenbordmotor. Direkt daneben stand eine kleine, knallgelbe Planierraupe und verdeckte halb die Eingangstür zur Fahrzeugverwaltung. Die Kollegen dort pflegten und organisierten eigentlich den umfangreichen Fuhrpark aus Spezialfahrzeugen der Kölner Polizei. Nebenbei kümmerten sie sich auch um die großen Asservate, die im zweiten Stock keinen Platz fanden.

Axel betrat den kleinen Raum, der von Neonleuchten unangenehm grell ausgeleuchtet war und blickte mitleidig auf die beiden Kollegen, die bei dem strahlenden Sommerwetter hier vor ihren Computermonitoren ausharren mussten. Einer drehte ihm den Rücken zu und machte keine Anstalten, ihn zu beachten. Der andere hackte weiter mit zwei Fingern auf die Tastatur und ignorierte ihn ebenfalls. Axel räusperte sich und versuchte einen herzlichen Tonfall in seine Stimme zu legen.

„Guten Tag, Kollegen. Ich würde gerne einen Blick auf drei Unfallmotorräder werfen, die in den letzten Wochen von einer Wache in Daun zu uns gekommen sind. Soweit ich weiß, stehen die drei zusammen in einer Ecke. Wenn ihr mir die Richtung zeigt, finde ich schon alleine hin."

Die beiden Beamten vor ihren Monitoren stöhnten kurz im Chor, reagierten aber nicht.

Axel wartete einen Augenblick und überlegte, wie er sich das Wohlwollen der beiden sichern konnte. Die Planierraupe fiel ihm ein.

„Sagt mal, zu welchem Verbrechen gehört denn das gelbe Ding da draußen? Hat jemand eine drei Tonnen schwere Waffe benutzt?"

Die Rückenmuskeln des Beamten vor ihm zuckten. Er schob geräuschvoll seinen Stuhl zurück und kam mit einem verkniffenen Gesicht auf Axel zu. Für einen Augenblick sah es so aus, als hätte der Mann geweint.

„Das war wirklich grauenhaft!", sagte er und dreht sich kurz zu seinem Kollegen um. Der nickte in Zeitlupe.

„Eine unglaubliche Wunde! Die Täter müssen mit äußerster Brutalität vorgegangen sein. Alles aufgerissen! Kein schöner Anblick."

Axel horchte auf. Das waren ungewöhnliche Worte für einen Beamten, der in seiner Dienstzeit wahrscheinlich schon viel Häßliches gesehen hatte.

„Was ist denn wann und wo geschehen? Ich bin nicht informiert, ich führe gerade eine, äh, Sonderermittlung durch."

Der Mann beugte sich vor und flüsterte Axel ins Ohr.

„Direkt an der Einfahrt zu unserer Tiefgarage, gestern Nachmittag. Eine Baufirma hat eine zweite Zufahrt ausgehoben. Mit der Walze soll morgen früh planiert werden."

Der Kollege lehnte sich zurück und grinste zufrieden. Axel schluckte, verzog aber keine Miene. Es war bestimmt nicht leicht, immer im Keller zu arbeiten.

„Die drei toten Mopeds stehen hinter dem C-Pfeiler, dort rechts entlang. Die sind auch kein schöner Anblick."

Axel nickte düster und verließ wortlos den Raum. Die gelbe Planierraupe stand unschuldig vor ihm. Der C-Gang führte in die Dunkelheit, aber Bewegungsmelder ließen vor ihm an der Decke der Reihe nach Neonröhren anspringen. Axel passierte einige Pkws und Kleintransporter, bis er vor einem dicken Beton-Pfeiler mit einer großen, schwarzen C darauf stand. Die nächste Neonröhre sprang an, flackerte aber unregelmäßig. Axel umrundete den Pfeiler, während die Neonröhren hinter ihm der Reihe nach wieder erloschen. Die drei Motorräder standen auf Holzpaletten dicht beieinander. Im ungleichmäßigen, zerhackten Licht der Neonröhre tauchten sie wie Urhexen aus der Dunkelheit und schienen sich dabei zu bewegen. Die verbogenen, herausgerissenen Teile an den Maschinen hielten die Wucht des Aufpralls immer noch in sich gespeichert. Axel umrundete die Motorräder langsam. Unversehrte, strahlend neue Teile an den Maschinen wechselten unvermittelt mit vollkommen zerstörten, zersplitterten und formlosen Bereichen. Wegen der dramatischen Beleuchtung wirkten die drei Bikes auf ihren Holzpaletten wie Kunstwerke, Monumente für die Energie, die frei wird, wenn Masse in Bewegung gesetzt wird. Er trat näher an die Maschinen heran. Mit der flachen rechten Hand strich er vorsichtig über die Flanke der Kawasaki vor ihm. Seine Augen folgten der Bewegung, suchten jeden Zentimeter nach einem Hinweis auf einen Zusammenstoß mit einem anderen Fahrzeug ab. Er hoffte auf eine irritierende

Beule, einen Streifen Gummiabrieb oder ein Stück Lack in einer fremden Farbe. Seine Finger und Augen fanden ein Wirrwarr an Sinneseindrücken. Der Aufprall hatte die geordnete Form des Motorrads in einen strukturlosen Haufen verwandelt. Es war unmöglich, in diesem Chaos einen Fremdkörper zu entdecken. Axel gab auf. Selbst wenn die Unfälle die Folge einer kriminellen Handlung waren, würden ihm die drei Motorräder dies nicht verraten. Langsam umrundete er wieder den Betonpfeiler und machte sich auf den Rückweg. Über seine Schulter blickend sah er dabei zu, wie die Maschinen wieder in der Dunkelheit verschwanden. Ihn fröstelte, und zwar nicht nur, weil es in der Tiefgarage kühl war. Mit langen Schritten hastete er Richtung Treppe. Nichts wie raus aus dieser Folterkammer!

14.

Draußen knallte ihm die Sonne ins Gesicht. Sonnenbrillen-Alarm war ausgebrochen, innerhalb von Minuten hatte jeder Passant auf der Straße eine Sonnenbrille organisiert und trug sie nun, als wäre es eine Schutzbrille gegen radioaktive Strahlung. Die Honda funkelte selbst unpoliert verheißungsvoll. Axel setzte den Helm auf und schob sofort das Visier hoch. In der Hitze entwickelte das Aftershave noch einmal ungeahnte Reserven. Die Honda sprang freudig an. An der Ausfahrt des Parkplatzes saßen die Kollegen aus der Kantine in Formation auf ihren BMWs. Axel rollte vorbei und hob eine Hand zum Gruß. Alle Blicke folgten seinem gepunkteten Handschuh.

Axel entschied sich, über die Ringe zu AHS-Bike zu fahren. Ihm war danach, in entspanntem Tempo durch die Stadt zu promenieren. Er ließ das Visier oben und versuchte, die aktuelle Sommermode der Kölnerinnen zu erkennen. Renate kam ihm in den Sinn, aber nicht für lange. Vielleicht fand er morgen in Kürten unter den Asphaltfressern eine freundliche Bikerin, die nicht gerne alleine auf Tour ging.

AHS-Bike hatte seinen Laden in der Südstadt. Vor der langen Fensterfront standen mehr als zwanzig Maschinen. Neue Modelle waren dort aufgereiht, gebrauchte Motorräder und Kundenmaschinen, die auf eine Reparatur warteten.

Axel suchte sich mit der Honda einen Platz möglichst weit weg von der Eingangstür des Ladens, aber er konnte durch die Scheibe erkennen, dass ihn ein Mann hinter einem Schreibtisch in der Ecke aufmerksam beobachtete. Mehrere Motorradfahrer standen auf dem Pflaster vor den Maschinen, beugten sich begutachtend über jungfräuliche Motoren oder knieten schraubend vor ihren eigenen Motorrädern. Es war schwer zu erkennen, welcher der Männer ein Verkäufer war. Niemand trug einen Kittel oder etwas Ähnliches und der Tonfall der Gespräche war locker wie unter Freunden. Axel spazierte ein wenig um die Maschinen herum. Die AHS-Bike GmbH handelte mit mindestens fünf verschiedenen Marken, von denen anscheinend die meisten neuen Modelle versammelt waren. Axel holte sich ab und zu die Motorrad und las Testberichte, aber als er jetzt vor den Maschinen stand, erkannte er nicht alle wieder. Die meisten Motorräder wirkten schon im Stand aggressiv und schnell. Eine schwarze Z 1000 wie Kay sie ihm im Krankenhaus gezeigt hatte stand auch in der Reihe. In der Realität sah sie noch kühner und durchtrainierter aus als auf den Fotos. Axel warf einen zweifelnden Blick auf den fragilen Seitenständer, dann schwang er ein Bein über die Sitzbank und setzte den Fuß auf die Raste. Er musste sich etwas vorbeugen, um an den Lenker zu kommen. In seinem Blickwinkel lag der Tacho mit einer Digitalanzeige.

Unwillkürlich warf Axel einen Blick auf seine Honda. Die sah plötzlich unglaublich altmodisch aus und versprühte den Charme eines Ackergauls.

„Schon ein nettes Moped, die CB", sagte eine Stimme neben ihm, „aber sind Sie schon einmal mit so einem aktuellen Motorrad wie der Z 1000 gefahren?"

Axel wand sich um und erkannte das Gesicht vom Schreibtisch. Vor ihm stand ein mittelgroßer Blonder, der für sein Alter zu schnell dick geworden war. Lebhafte Augen in einem Vollmondgesicht fuhren an Axel herunter. Der massive Körper schien ständig in Bewegung.

„Ich bin mit meiner Honda eigentlich ganz zufrieden", erwiderte Axel trotzig.

„Verstehen Sie mich richtig", unterbrach ihn der Mann.

„Ich bin früher selbst die CB gefahren und hatte damit die schönste Zeit meines Lebens. Ich mag diesen ganzen Hightech-Quatsch wie eine elektronische Zündung auch nicht, an der man nichts mehr selber reparieren kann. Und eigentlich brauche ich auch keine einhundertzwanzig PS, um flott voranzukommen. Aber jetzt stehen diese Dinger immer im Laden herum und ab und zu mache ich eine Probefahrt. Was soll ich Ihnen sagen? Es macht einfach verdammten Spaß! Diese Geräte haben Fahreigenschaften, die früher nur Rennfahrer erleben durften. Die Kawa hier ist da keine Ausnahme. Sie ist leicht, fährt sich wie ein Fahrrad und hat Leistung wie ein Rennpferd. Sie sollten das mal probieren. Das fühlt sich an wie beim ersten Mal vor zwanzig Jahren. Ich wünschte, es gäbe noch mehr Dinge in meinem Leben, die dieses Gefühl auslösen."

Der Mann versuchte offensichtlich, ihm einen Pfeil mitten ins Herz zu schießen. Axel durchschaute diese Taktik, aber es war schon zu spät. Das Gift war bei ihm angekommen und breitete sich aus.

„Aber so eine Z 1000 kann man doch gar nicht bezahlen."

Er behielt den Mann fest im Blick.

„So etwas kann man höchstens klauen."

Der Blonde zeigte keine Reaktion.

„Ich sagen Ihnen was. Ich bin Leo Nehls, mir gehört der Laden hier. Wenn Sie wollen, schraube ich Ihnen eine rote Nummer an die Z und Sie drehen eine Runde. Ich verkaufe nur Importmodelle, die billiger sind als beim autorisierten Händler. Ich nehme Ihre Honda in Zahlung und finanziere die Z mit Null Prozent. Wir werden uns garantiert einig."

Er hob die Hände vor die Brust und trat einen Schritt zurück.

„Aber das Finanzielle ist Nebensache. Es geht darum, wie viel Spaß Sie beim Fahren haben."

Das gedämpfte Klingeln eines Handys ertönte. Leo Nehls zog es aus seiner Hosentasche und trat beiseite, während er sich meldete. Axel blieb auf der Kawasaki sitzen, die Hände am Lenker wie ein Junge, der sein Weihnachtsgeschenk nicht loslassen will. Er versuchte, unauffällig seine Silhouette in der Fensterscheibe zu überprüfen. Sah das nicht dämlich aus, ein alter Knacker wie er auf solch einem Testosteron-Geschoss?

„Steht Ihnen gut. Man ist immer nur so alt wie man sich fühlt, nicht wahr?"

Leo Nehls war zweifellos ein ausgezeichneter Verkäufer. Zeit für Axel, ein ausgezeichneter Kommissar zu sein. Er schwang sich vorsichtig von der Kawasaki und zückte seinen Ausweis.

„Herr Nehls, ich komme auf Ihr Angebot vielleicht später zurück. Ich bin Axel Schröder von der Kripo Köln. Ich würde Ihnen gerne ein paar Fragen zu den Motorrädern von Gunnar Droste, Jan Keimel und Markus Döhner stellen."

Leo Nehls' Reaktion war genauso souverän wie bei dem Verkaufsgespräch zuvor. Er lächelte entwaffnend und trat wie zufällig mit Axel zur Honda, die außer Hörweite der anderen Kunden stand.

„Schau an, der Dark Rider der Kölner Kriminalpolizei ist vorgefahren. Was soll ich Ihnen zu den Maschinen sagen? Sie wurden gestohlen und das war's."

Axel nahm die Spöttelei ohne jede Regung hin.

„Interessant, dass Sie sofort wissen, wer die drei Personen sind. Kannten Sie sie näher?"

„Ich habe die Namen natürlich im Zusammenhang mit den Unfällen gelesen und mich dann an die Diebstähle erinnert. Die drei kannte ich nur als Kunden. Einer davon lebt übrigens noch, wenn ich mich nicht irre."

„Da haben Sie Recht. Erstaunlich, dass alle drei verunglückt sind, dazu noch an der gleichen Stelle, finden Sie nicht?"

„Das ist natürlich ein unglaublicher Zufall. Viele Leute kaufen sich Maschinen, die zu stark für sie sind. Manche lernen dann nicht schnell genug dazu. Dass sie alle an der gleichen Stelle verunglücken, kann auch vorkommen: Schnelle Strecken sprechen sich blitzartig herum. Manchmal fahren die Jungs dann Rennen gegen die Uhr. Wenn es dort eine heimtückische Kurve oder so etwas gibt, geht ratzfatz etwas schief."

„Vielleicht hat die drei jemand zu lebensgefährlichen Fahrten herausgefordert?"

Leo Nehls verzog keine Miene.

„Wer soll das sein? Valentino Rossi?"

„Nein. Aber der Dark Rider."

Diesmal nickte er anerkennend.

„Der Dark Rider übt eine ziemliche Faszination aus. Zu mir kommen Leute, die zuletzt Mofa gefahren sind, und wollen Prospekte einer Hayabusa. Die jugendlichen Supersport-Fahrer fragen nach Leistungs-Kits. Und mein meistverkauftes Zubehör ist ein getöntes Visier. Wer schneller als der Dark Rider ist, dem gehört die Stadt. Wenn ich ein paar Jahre jünger und etliche Kilos leichter wäre, würde ich es vielleicht sogar selbst wissen wollen."

„Apropos Jugendsünden: Hinter dem Dark Rider können sich genauso gut ganz andere Leute verstecken, die mit den Verunglückten ein Hühnchen zu rupfen hatten. Wie gut sind in letzter Zeit Ihre Kontakte zu den Lucky Jokern?“

Zum ersten Mal verlor Leo Nehls seine Fassung. Er wurde kurz bleich, dann rosarot, ballte seine Fäuste und trat etwas zu dicht an Axel heran. Seine Augen konnten plötzlich auch bedrohlich starren.

„Was soll das? Das Ganze ist zwölf Jahre her und ich wurde freigesprochen. Ich bin Geschäftsmann, ich zahle meine Steuern pünktlich. Wenn Sie mich blöd von der Seite anmachen, Schröder, hören Sie ganz schnell von meinem Anwalt.“

Axel starrte zurück. Für einen Geschäftsmann wurde Leo Nehls schnell unbeherrscht.

„Jetzt machen Sie sich mal locker, Herr Nehls! Antworten Sie auf meine Frage: Treffen Sie noch Mitglieder der Lucky Joker?“

Leo Nehls starrte ihn noch einen Augenblick an, dann trat er zurück, verschränkte die Arme vor der Brust und setzte wieder ein Lächeln auf. Seine Augen verrieten aber, dass er lieber einen weiteren Schritt nach vorne gemacht hätte.

„Die Lucky Joker sind nichts anderes als ein Verein von Motorradfreunden, die ab und zu zusammen feiern. Früher wurde ich manchmal eingeladen und habe dort ein Bier getrunken. Aber die wilden Zeiten sind vorbei, bei den Lucky Jokern und auch bei mir.“

„Kennen Sie den Black Rebel Motorcycle Club?“

„Black Rebel? Habe ich schon mal gehört. Waren die nicht im Streit mit den Banditos, in Schweden oder so?“

„Stellen Sie sich nicht dümmer, als Sie sind. Der Black Rebel MC ist im Streit mit den Lucky Jokern, in Köln!“

„Ach! Das ist mir neu.“

„Der Verein von Motorradfreunden, wie Sie ihn bezeichnen, lässt es sich bestimmt nicht gefallen, wenn ein neuer Club in seinem Gebiet Motorräder klaut und mit den Teilen handelt. Sie haben selbst beschrieben wie leicht es ist, mit dem Namen Dark Rider jemanden in Fahrt zu bringen. Mit einer Harley, wie die Lucky Joker sie fahren, kann man nur schlecht Rennen gewinnen. Aber gut jemanden von der Fahrbahn abdrängen. Wenn das nicht gereicht hat, zieht man ihm den Helm aus und nimmt sich einen Knüppel. Den Helm am Straßenrand erklärt man mit der bescheuerten Dark-Rider-Wette."

„Ich habe Ihnen gesagt, dass ich mit den Luckys schon lange nichts mehr zu tun habe. Was die anstellen, geht mich nichts an. Selbst wenn ich eine Ahnung hätte, würde ich nicht darüber reden. Deutlicher kann ich nicht werden, wenn Sie verstehen, was ich sagen will."

„Dumme Sache, wenn einem die Kunden wegsterben. Vielleicht hätten Sie nicht auf unerfahrene Newcomer setzen sollen."

„Hören Sie, ich habe auf niemanden gesetzt. Ich lebe davon, Motorräder zu verkaufen. Das kann ich gut. Sie stehen hier herum und durch die Scheibe kann ich sehen, dass Sie die Kohle und die Sehnsucht haben, sich mit solch einem scharfen Eisen zu bewaffnen. Die Z ist geil. Genau das Richtige für einen Mann in der Midlife-Crisis. Die bläst Ihnen das Hirn frei. Genau dafür sollten Sie Ihre Kohle ausgeben. Sie wissen, dass ich Recht habe. Ich gebe Ihnen einen Testbericht aus der Motorrad mit. Den legen Sie unter ihr Kopfkissen, in Ihrem leeren Bett. Wenn Sie Bock haben, kommen Sie am Montag zu einer Probefahrt."

Leo Nehls verschwand kurz im Laden und kam mit bunten Seiten zurück. Zu seiner eigenen Überraschung nahm Axel den Testbericht an und faltete ihn säuberlich zusammen, bevor er ihn in eine Kombitasche steckte. Leo Nehls' Handy klingelte wieder. Axel nutzte die Gelegenheit, um wortlos aufzubrechen. Er hatte sich gerade den Helm aufgesetzt, als hinter seinem Rücken ein Motorrad vorfuhr. Diesen sonoren Sound kannte er doch irgendwo her. Er drehte sich um und sah, wie Karin Anger mit ihrer Le Mans souverän im Schritttempo den Bordstein hochfuhr. Axel nahm den Helm wieder ab. Er beobachtete die Frau, wie sie die Guzzi abstellte und den Helm mit den Handschuhen an den Lenker hängte. Ihre Augen streiften suchend durch den Laden und dann über den Vorplatz. Zu seiner Freude erkannte sie ihn auch aus der Entfernung sofort. Er schlenderte auf sie zu. Das warme Lächeln fiel ihm mittlerweile leicht.

„Hallo Frau Anger! Wie geht es Jan Keimel?"

„Hallo, Kommissar. Ich bin so froh: Jan hat eben mit mir gesprochen. Er war zwanzig Minuten wach und bei klarem Verstand. Er ist zwar nicht schlauer als vor dem Unfall, aber immerhin auch nicht blöder. Der verrückte Hund hat sogar nach seiner Kawasaki gefragt. Was ist eigentlich aus der geworden?"

Axel erinnerte sich an die gequetschte Flanke der Kawasaki in der Tiefgarage. Er schüttelte den Kopf.

„Die steht im Kölner Polizeipräsidium, aber viel mehr als den Motor wird man nicht gebrauchen können. Das ist ein absoluter Totalschaden. Ich freue mich, dass es Jan Keimel besser geht. Ich werde ihn leider bald noch einmal befragen müssen."

„Lassen Sie das lieber sein. Ich habe ihm erzählt, dass Sie bei ihm waren. Er kann sich nicht an Ihren Besuch erinnern, genauso wenig wie an den Unfall. Ich soll Ihnen mitteilen, dass er keine Aussage machen kann und Ruhe braucht. Er wird sich bei Ihnen melden, wenn sich dies ändert. Der Stationsarzt weiß auch Bescheid."

Axel spürte Empörung in sich hochsteigen. Keimels Gestammel hatte sich bei seinem Besuch im Krankenhaus noch ganz anders angehört. Er versuchte, im Gesicht der Frau vor ihm zu lesen. Weshalb versuchte sie, seine Ermittlungen zu behindern? Karin Anger wirkte erleichtert, aber kein bisschen triumphierend. Vielleicht hat Jan Keimel wirklich im Halb-Koma zu ihm gesprochen und bei vollem Bewusstsein keine Erinnerung an den Unfall? Er würde ein paar Tage vergehen lassen, und dann noch einmal einen Besuch im Krankenhaus versuchen.

„Aber Kommissar, was machen Sie mit Ihrer herzkranken Honda denn hier bei AHS-Bike? Brauchen Sie eine neue Blinkerbirne?"

Diesmal war ihr Spott fingerdick aufgetragen. Er hätte ihr gerne den Testbericht der Z in seiner Tasche gezeigt, aber er konnte sich beherrschen. Es war nicht ganz klar, auf welcher Seite sie wirklich stand.

„Och, ich kam nur zufällig vorbei und habe mich mal umgeschaut. Gucken kostet ja nichts. Und was machen Sie hier?"

Bevor sie antworten konnte, trat Leo Nehls zu ihnen. Er hatte sein Handy zusammengeklappt und küsste Karin Anger freundschaftlich auf die Wangen.

„Hallo Karin. Betty ist nicht da, keine Ahnung, wo sie ist. Woher kennst du denn Schröder?"

Axel staunte. Die Beziehung zwischen Leo Nehls und dem Black Rebel Motorcycle Club war offensichtlich enger, als er behauptet hatte.

„Ich habe Frau Anger am Krankenbett von Jan Keimel getroffen. Begrüßen Sie eigentlich alle Freundinnen von Kunden so freundlich? Sie haben mir eben noch erzählt, Sie würden Jan Keimel nicht persönlich kennen."

Karin Anger trat einen halben Schritt vor und stellte sich zwischen Axel und Leo Nehls.

„Jetzt beruhigt euch mal, Jungens. Das ist ja wie auf dem Schulhof hier! Bescheuerte Macho-Heinis! Jan und Leo Nehls kennen sich wirklich kaum, Herr Schröder. Ich bin eine alte Freundin von Betty, Leos alter Flamme. Wir wollten uns hier treffen, um eine Tour zu machen. Bikerinnen unter sich, verstehen Sie. Biker sind uns zu breitbeinig. Und zu langsam."

Sie grinste. Leo Nehls' Handy klingelte wieder und beendete die Diskussion. Axel zog den geordneten Rückzug an. Er machte so etwas wie einen halben Diener in Richtung von Karin Anger und ging zurück zur Honda. Als er sie mit rudernden Beinen zum Bordstein schob, konnte er die Kette quietschen hören. Vor dem Ausflug morgen sollte er sich dringend um sie kümmern. Er startete den Motor. Eigentlich hatte die CB auch ein nettes Motorgeräusch. Nun ja, vielleicht ein bisschen zahnlos. Er gestattete sich einen letzten Blick auf die Kawasaki. Die Z stand da wie ein eingeölter Preisboxer und ließ die Muskeln spielen. Karin Anger und die Moto Guzzi ignorierte er. Axel gab Gas. Er würde am Montag zurückkommen.

15.

Auf der Bonner Straße Richtung Süden gab es einen Polo Shop. Axel quetschte sich auf den Parkplatz neben andere Maschinen aller Klassen und Marken. Den Helm hing er mit den Handschuhen darin an das Helmschloss der Sitzbank. Er stellte sich vor die Honda, taxierte sie von vorne bis hinten und schrieb im Kopf eine Einkaufsliste: Chrompolitur für die Felgen, Kettenspray für die Kette, Öl und Ölfilter für den Motor. Axel blickte auf die acht gepunkteten Finger, die über den Rand des Helms krochen. Na gut, vielleicht auch ein neues Paar Handschuhe. Vergnügt betrat er den Laden und sah sich um. In der einen Hälfte drängten sich Motorradfahrer wie beim Sommerschlussverkauf zwischen langen Kleiderstangen voller Jacken und Kombis, in der anderen schoben sie sich wie in einem Supermarkt durch Regalreihen. Axel griff sich einen Einkaufskorb. Er versuchte zielstrebig zu sein, aber nachdem er Politur, Filter und Öl eingesammelt hatte, blieb er bei der Bekleidung hängen. Überall gab es durchgestrichene Preisschilder und knallige Rabatt-Zeichen. *Sie sparen 80,- Euro* versprach ihm eine Lederjacke. Axel stellte seinen Korb ab und begann, verschiedene Jacken anzuprobieren. Eine Lederjacke hatte es ihm besonders angetan. Sie war wie die Jacke geschnitten, die Peter Fonda in *Easy Rider* getragen hatte und passte ihm wie angegossen. Die Farben waren dezent und das Leder angenehm. Er fummelte nach dem Schild im linken Ärmel. Nubukleder. War Nubuk nicht der Name einer Oper? Er sah sich selbst im Spiegel und hinter dem Spiegel die Straße im Sonnenlicht. Was tat er hier eigentlich? Statt zu shoppen sollte er biken! Er griff sich seinen Korb und zog zur Kasse. Dort kassierte ein bleicher Jüngling.

„Tüte?“, fragte er mit einem Blick auf Axels Kombi.

Axel sah an sich herunter. Wohin mit dem Kram? Er bejahte die Frage und packte die Sachen in die Tüte. Draußen ging er strategisch vor. Er steckte den Schlüssel in das Zündschloss, zog Helm und Handschuhe an, holte die Honda vom Ständer, schwang sich auf sie und setzte den linken Fuß auf die Raste. Erst dann nahm er die Tüte vom Boden hoch und platzierte sie auf seinem Schoß zwischen Tank und Oberschenkel. Mit der Linken hielt er sie fest, während er den Motor startete, lehnte die Honda leicht nach links, damit die Tüte nicht herunterrutschte, ließ sie los, kuppelte und legte den Gang ein. Mit dem Anfahren setzte er schnell auch den rechten Fuß auf die Raste. Die Tüte lag jetzt sicher zwischen seinen Beinen. Kaum auf der Straße, wurde die Ampel vor ihm rot. Er versuchte, wie in Zeitlupe Schritttempo zu fahren, aber er erreichte die Ampel, bevor sie wieder grün geworden war und musste die Honda wieder nach schräg halten, obwohl nur der rechte Fuß auf dem Boden war. Die Ampel wurde grün, Axel fuhr vorsichtig los. Vor den folgenden Ampeln versuchte er, sein Tempo so einzuteilen, dass er ständig in Bewegung blieb, aber das gelang nicht immer. Bis er zuhause war, hatte er einen Trial-Grundkurs in langsam Fahren hinter sich und konnte für ein paar Sekunden mit beiden Füßen auf den Rasten auf der Stelle balancieren. Er stellte die Honda vor der Garage ab. Das Wetter war zu schön, um den Ölwechsel drinnen zu machen. Vor der Garage war wenig Platz und die Nachbarsfrau würde ihm - bei aller Liebe für Motorradbasteleien - einen Ölwechsel in ihrem Vorgarten nicht durchgehen lassen. Der beste Platz wäre die Veranda hinter dem Haus, wo jetzt noch die Sonne schien. Axel ging durch das Haus und öffnete alle Türen. Er startete die Honda, umrundete den Vorgarten und steuerte die Haustür an. Der Lenker passte problemlos durch den Türrahmen. Im Flur bog er scharf nach rechts in das leere Wohnzimmer ab. Das Bellen des Auspuffs kam angenehm heiser von den kahlen Wänden zurück. Er gab mehr Gas und lauschte. So sollte die Honda eigentlich immer klingen. Ob die Z diesen Sound auch draußen produzierte? Schließlich wurde er vernünftig und steuerte die Honda auf die Veranda.

Als Erstes holte er das Radio aus der Garage. Er baute es auf der Veranda auf und suchte einen Sender, bis er Gitarrenmusik hörte. Dann durchwühlte er den Einkaufswagen in der Küche nach einem Bier und einem Doppelpack Cracker. Weiter unten im Einkaufswagen sah er Joghurts und Milchtüten, die sich verzweifelt gegen das Gewicht von Dosen und Flaschen über ihnen stemmten.

„Durchhalten, Jungs!", rief er ihnen zu.

„Rettung naht!"

In der Garage schmiss er Maulschlüssel, einen Schraubenzieher, Trichter und ein T-Shirt aus dem Wäschesack in den Liegestuhl und balancierte ihn vorsichtig auf die Veranda. Er breitete die Utensilien übersichtlich auf den Steinplatten aus. Bier und Cracker in Griffnähe, setzte er sich mit gekreuzten Beinen in den Liegestuhl. Die Sonne stand schon tief über dem Nachbarhaus. Der Schatten des Kamins zeigte wie ein langer Finger auf ihn. Als Erstes würde er das Öl ablassen, solange der Motor noch warm war. Aber in welches Gefäß? Missmutig quälte er sich wieder aus dem Liegestuhl hoch. Er schlenderte durch die Garage, ohne ein Behältnis zu finden, dann weiter durch das Haus. Eigentlich wusste er, wohin er ging. Die flache Salatschüssel stand immer noch im Abstellraum auf dem Boden. Renate und er hatten sie vom gesamten Kommissariat zur Hochzeit bekommen. Sie war so hässlich, dass sie niemals benutzt worden war. Es war trotzdem erstaunlich, dass Renate sie ihm gelassen hatte. Er hob sie hoch und hielt sie wie einen Pokal in der Hand. Das Öl könnte gerade eben hineinpassen. Mit der Schüssel unter dem Arm kehrte er zurück auf die Veranda, löste die Öl-Einfüllschraube, schob die Schüssel unter den Motor und drehte die Ablassschraube heraus. Er verzog sich wieder in den Liegestuhl und beobachtete zufrieden, wie sich die himmelblaue Keramik langsam mit schwarzbraunem Öl füllte. Bis er das Bier geleert hatte, tropfte es nur noch verhalten aus dem Motor. Er zog die randvolle Schüssel unter der Honda hervor und drehte die Ablassschraube wieder fest.

Der Ölfilter war leicht zugänglich und deshalb schnell ausgetauscht. Den alten Filter ließ er mit einem leisen Blubb in der Salatschüssel verschwinden. Jetzt war sie so voll, dass er sich nicht mehr traute sie hochzuheben. Er ließ sie wo sie war, einen Schritt neben der Verandatür. Der Trichter war klein und es dauerte ewig, das neue Öl in den Motor zu schütten. Axel hielt mit der rechten Hand den Ölkanister über den Trichter und stopfte sich mit der linken Cracker in den Mund. Nach einer Weile fiel ihm der merkwürdige Geschmack auf. Er starrte auf seine ölverschmierte Hand und fragte sich, wie ungesund Altöl sein mochte.

Langsam zog die Dämmerung über die Veranda. Für die Kettenpflege war es schon zu dunkel. Aber morgen früh würde nicht genug Zeit dafür sein. Er überlegte einen Augenblick, dann schob er die Honda ins Wohnzimmer. Das Radio plärrte weiter durch die offene Verandatür, während er vor der Honda kniete und mit dem T-Shirt die Kette abrieb. Das Kettenspray verteilte sich anschließend gleichmäßig auf der Kette und dem Teppichboden. Aber dann war er fertig. Die erste Tour der Saison konnte kommen!

Das Netzkabel spannte sich noch aus dem Schlafzimmer bis zu dem Heftpflaster am Rahmen der Garagentür. Eine weitere Nacht mit Rückenschmerzen wollte er nicht riskieren. Rund um die Honda versammelte er das Radio, den Laptop, die Matratze aus dem Schlafzimmer und weitere Köstlichkeiten aus dem Einkaufswagen. Durch die Verandatür drangen der Geruch von warmem Motoröl und der Duft von Flieder herein. Axel wusste das so genau, weil Flieder die einzige Pflanze überhaupt war, die er an ihrem Aussehen und Geruch erkennen konnte. Plötzlich wurde ihm bewusst, dass er glücklich war. Seit er in diesem Haus wohnte, war es ihm noch nie so idyllisch vorgekommen. Na ja, vielleicht bis auf die erste Zeit mit Renate.

Er klappte den Laptop auf und startet ihn. Während das System hochfuhr, starrte er auf das Display und dachte an Jan Keimel. Wie mochte es sein, aus einem Koma zu erwachen? Ob er sich klar genug an den Augenblick des Unfalls erinnerte? War der Dark Rider neben ihm gewesen und hatte ihn abgedrängt?

Oder hatte er eine Verabredung mit ihm, aber ganz andere wilde Reiter waren erschienen? Hatte er sich verflucht, als seine Maschine in den Wald einbrach, weil er so dämlich gewesen war, ohne Helm zu fahren, nur um das Gesicht des Dark Riders zu sehen? Oder waren da plötzlich Stiefel neben seinem Gesicht aufgetaucht, als er nach dem Unfall auf dem Boden lag? Axel hoffte, dass er in diesem Fall besinnungslos gewesen war, als der Knüppel durch die Luft schwirrte.

Der Laptop war so weit. Er loggte sich ein und ging direkt zur Seite der Asphaltfresser. Neue Meldungen diskutierten die unverschämten Ersatzteilpreise japanischer Motorräder. Weitere Diskussionen über die Unfälle schienen alle Asphaltfresser auf das Treffen morgen zu verschieben.

Axel nutzte Google, bis er eine Seite von Kawasaki gefunden hatte, auf der die Z 1000 vorgestellt wurde. Fotos hatte er genug gesehen, aber dort gab es einen Video-Clip als Download. Axel ging in das Badezimmer und ließ Wasser in die Badewanne laufen. Als er die Kombi auszog, fiel ihm der Testbericht in der Brusttasche wieder ein. Er glättete ihn und legte ihn auf den Wannenrand. Das Kawasaki-Filmchen war mittlerweile auf der Festplatte angekommen. Axel zog das Kabel aus dem Laptop. Er platzierte ihn auf dem zugeklappten Toilettendeckel, drehte das Display zur Badewanne, stellte den Player auf bildschirmfüllende Endlosschleife und startete den Film.

Zornige Auspuffgeräusche drangen aus dem kleinen Lautsprecher des Laptops, untermalt von bombastischem Rock. Axel ließ sich in die Wanne gleiten. Auf dem Display zuckelte eine grob gepixelte Z vor einem Sonnenuntergang um eine perfekte Kurve. In schnellen Schnitten erschienen immer neue Kameraperspektiven der Maschine, bis sie sich, vor lauter Geschwindigkeit unscharf, in der Bewegung auflöste. Axel schaute sich das Spektakel mehrmals an, dann nahm er mit aufgequollenen Fingern den Testbericht vom Wannenrand. Es gab jede Menge Daten und Fakten, technische Details und Messergebnisse, im Text überwog eine ansteckende Fröhlichkeit: Die Tester hatten es mit der Z ordentlich krachen lassen und lachten sich immer noch ein wenig ins Fäustchen darüber. Genau das wollte Axel hören. Er ließ die bunten Seiten ins Wasser sinken, schloss die Augen und horchte auf das immer wiederkehrende Gebrüll der Z.

16.

Wochenend' und Sonnenschein! Axel stand am nächsten Tag mit seinem Glas Nescafé im milden Morgenlicht auf der Veranda. Ross und Reiter waren so weit. Er hatte sich mit einem Edding ein kleines Roadbook auf ein Stück Pappe geschrieben und es mit Tesafilm auf den Tank geklebt. Das Visier war geruchsneutral und sauber. Geld, Papiere und Handy hatte er eingesteckt. Das Frühstück würde es unterwegs geben. Der letzte Schluck Kaffee war bereits lauwarm. Los jetzt!

Schon im Wohnzimmer setzte er den Helm auf. Er konnte es nicht lassen, die Honda im Haus zu starten. Freundlich blubbernd rollte sie auf den Flur. Er reckte sich vor, um die Tür zu öffnen und fuhr hinaus. Leider musste er noch einmal absteigen, um die Tür zu schließen und die Handschuhe zu holen. Die Handschuhe! Er starrte auf seine gepunkteten Anstreichhilfen. Sollte er jetzt noch einmal zu Polo fahren und neue holen? Der Gedanke an eine Fahrt durch die Stadt war nicht verlockend. Er würde noch ein Wochenende mit seinen Designhandschuhen leben müssen.

Die Honda umkurvte den Vorgarten. Frau Nachbarin stand da und lächelte milde. Er salutierte im Vorbeirollen, sie hob beide Daumen. Dann konnte ja nichts mehr schiefgehen.

Wie viel Benzin war eigentlich noch im Tank? Er war sich ziemlich sicher, vor dem letzten Überwintern vollgetankt zu haben, um dem Rost im Tank keine Chance zu geben. Oder hatte er sich das nur vorgenommen, um es wie üblich zu vergessen? Er beäugte den Tageskilometerzähler. Wenn der stimmte, war er seit dem letzten Tanken nur dreißig Kilometer weit gefahren, hatte also noch jede Menge Reichweite. Dennoch entschied er sich, den Tank randvoll zu füllen. Alter Sprit war nicht gut für den Motor, außerdem traute er seiner Erinnerung nicht vollkommen. Axel bog an der Betonmuschel ab und ließ die Honda vor der Säule ausrollen. Er schaltete den Motor aus, drehte den Benzinhahn zu und klappte das Visier nach oben. Axel erkannte vor dem Computer-Monitor im Tankstellenhäuschen die Rückseite des Jägerhuts. Der Tankwart drehte sich langsam um, bis sie sich in die Augen blickten. Axel winkte und wartete. Wahrscheinlich hatte ihn der Mann wegen seines Helms nicht als Stammkunden erkennen können. Ein wenig skurril war diese Person schon, aber Axel mochte ihn gerade deswegen. Er passte einfach zu der ungewöhnlichen Tankstelle.

Die Sonne war mittlerweile in voller Pracht aufgegangen. Axel wollte endlich los. Er blickte wieder zu dem Häuschen und sah den Mann hinter der Glastür stehen. Der schaute zu ihm herüber und schimpfte. Axel konnte keinen Ton hören, aber der Mann gestikulierte unmissverständlich, die Tankstelle sei geschlossen. Axel formte mit den Händen eine Geste ungläubigen Erstaunens, die jedem Sizilianer imponiert hätte. Die beiden kommunizierten eine Weile mit ihren Gesten, dann öffnete der Tankwart die Glastür gerade weit genug, um den Kopf herauszustecken.

„Verschwinde, aber dalli! Hier gibt es keinen Sprit für dich!", schrie er mit sich überschlagender Stimme herüber. Axel starrte ungläubig zurück. Was war denn mit dem los? Für einen Augenblick dachte er darüber nach, abzusteigen und den Mann beim Kragen zu packen, doch als der Tankwart eine Faust ballte und wütend in Axels Richtung schüttelte wurde ihm klar, dass er hier heute kein Benzin bekommen würde. Welche Laus auch immer dem Mann mit dem grünen Hut über die Leber gelaufen war, sie war ganz alleine sein Problem. Die schlechte Laune konnte er für sich selbst behalten. Das Benzin würde schon reichen, außerdem hatte er ja noch die Reserve im Tank. Eilig drehte er den Benzinhahn nach oben. Zeit, ein wenig Gummi zu verbrennen! Axel fuhr los.

Auf seinem Miniatur-Roadbook stand ganz oben *A3 - Königsforst*. Um möglichst schnell aus der Stadt herauszukommen, wollte er mit der Autobahn auf die andere Rheinseite wechseln und an der Abfahrt Königsforst auf die Landstraße wechseln. Also bog er wieder zum Wasserwerkswäldchen ab. Diesmal nahm er die Kurven in einer sauberen Linie, ohne zu bremsen. Eine Joggerin trabte am Straßenrand auf der Stelle, um ihn vorbeizulassen. Sie lächelte ihm zu. Er lächelte noch zurück, als sie schon hundert Meter hinter ihm lag. Wahrscheinlich hatte sie sein Gesicht hinter dem Visier ohnehin nicht erkennen können.

Es passte zu diesem Morgen, dass er an der Einmündung nicht anhalten musste - das Stoppschild übersah er geflissentlich - und dass die Ampel am Kreisverkehr Grün zeigte. Er drückte die Honda in die Schräglage. Die Spur zur Autobahn zweigte rechts ab, aber das Gefühl, das die Fliehkraft auslöste, war zu schön, um es zu beenden. Wie auf dem Sitz eines Kettenkarussells umrundete er den großen Kreisel noch einmal. Diesmal bog er auf die Autobahn ab. Auf der Rodenkirchener Autobahnbrücke blickte er nach links, wo der Dom aus der Stadt herausragte, dann nach rechts bis zu den sanften Höhen des Siebengebirges. Zum ersten Mal seit vielen Monaten fühlte er den Wind mit mehr als einhundert Stundenkilometern gegen seinen Körper drücken. Der Oberkörper richtete sich auf und nahm das Gewicht von den Händen am Lenker. Er merkte schnell, dass er den Reißverschluss am Kragen nicht komplett geschlossen hatte. Der Wind fauchte ihn an und drang in jede Lücke, aber die Luft war schon warm. Mit jedem Strich, den die Nadel auf dem Tacho nach rechts wanderte, nahm die Kraft des Windes zu. Axel beschleunigte noch einen Augenblick weiter. Bei knapp einhundertfünfzig Stundenkilometern hatte er genug. Der Wind war nicht feindlich, ließ aber keinen Augenblick lang Zweifel daran aufkommen, wer von beiden der Stärkere sein würde. Axel ging vom Gas und entspannte sich. Rechts der Autobahn reihten sich Felder und Weiden aneinander. Ein Habicht flog auf, versuchte, ein paar Flügelschläge lang mitzuhalten, bog dann aber zu einer Gruppe von Kühen ab, die sich um einen Wassertrog drängte.

Die Ausfahrt Königsforst tauchte auf. Axel schaltete herunter und schnitt die Kurve der Ausfahrt, bis er die durchgezogene Linie zur Standspur kreuzte. An der Einmündung zur Bundesstraße hielt er an. Rechts von der Fahrbahn war ein Stück des Feldes von parkenden Autos platt gewalzt worden. Im ersten Gang steuerte Axel die Honda auf die harte Erde. Er ließ den Motor laufen, stieg ab und wuchtete sie auf den Hauptständer. Dann fiel er neben der Maschine auf die Knie. Ein Passat hielt neben ihm an der Einmündung. Die Insassen - Vater, Mutter, zwei Kinder - starrten fassungslos zu ihm herüber. Wahrscheinlich sagte die Mutter gerade *Schaut nicht hin, Kinder, der fremde Mann betet sein Motorrad an.* Axel kicherte vor sich hin, beugte dann den Oberkörper, bis sein Helm gegen die Erde drückte, und kontrollierte, ob um die Ablassschraube Öl ausgetreten war. Trotz der alten Dichtung war alles trocken geblieben. Axel stand auf und klopfte sich den Staub von den Knien. Sein Blick glitt über die ganze Maschine. Nichts schien lose oder undicht zu sein. Der Motor blubberte mit ruhigem Standgas vor sich hin. Das rechte Ohr nah an den Zylindern horchte er auf mechanische Geräusche, ging dann auf die andere Seite und horchte wieder. Er hörte ein leichtes Zwitschern der Ventile, zuhause würde er das Ventilspiel kontrollieren. Kein Grund, sich Sorgen zu machen. Die Honda war fit.

Es dauerte eine Weile, bis er wieder losfahren konnte, denn der Verkehr war ziemlich dicht. Ein Blick auf seinen Zettel stimmte ihn froh: Nächster Halt Hoffnungsthal! Schon nach wenigen Kilometern konnte er nach links von der Bundesstraße abbiegen. Ein schmales Sträßchen stieg in engen Kurven durch kurze Waldstücke in die Höhe. Die Kölner Bucht lag unter einer leichten Dunstglocke hinter ihm, aber das Bergische Land vor ihm schien hell und weit. Axel blieb so lange er konnte auf kleinen Sträßchen, bis er wieder hinunter in das Tal musste, um auf eine Bundesstraße einzubiegen. Das Berg-und-Tal-Spiel wiederholte er noch einmal, dann blieb er auf einer Straße, die sich an einem Flüsschen entlangwand.

Die Straße war leer. Langgezogene Kurven reihten sich übersichtlich aneinander. Axel konzentrierte sich. Wie ging das noch mal richtig? Er schaltete vor der Kurve herunter, peilte den Kurvenausgang an und suchte sich eine Linie. Normalerweise drückte er die Honda lieber in die Kurve, aber diesmal verlagerte er sein Gewicht, bis sie in Schräglage kippte. Die Geschwindigkeit stimmte, seine Linie durch die Kurve trug ihn mit der Schräglage bis zu ihrem Scheitelpunkt. Dort wurde es Zeit, Gas zu geben und die Honda wieder aufzurichten. Jetzt stellte es sich heraus, dass er unterwegs zu langsam geworden war. Der Motor drehte zu niedrig, um mit Druck beschleunigen zu können, zum Herunterschalten war nicht genug Zeit und so beendete er die Kurve ziemlich langweilig. Das sollte bei der nächsten Kurve besser klappen! Diesmal behielt er das Gas offen, kam mit ziemlicher Fahrt in die Kurve, musste aber kurz bremsen, weil sich die Kurve schneller zuzog, als er geglaubt hatte. Nächster Versuch. Eine weite Kurve, immer noch kein Auto in Sicht, auch kein Drängler im Rückspiegel. Hier war der Punkt, um in Schräglage abzukippen, jetzt ganz ruhig bleiben und die Kiste halten und jetzt Gas, Gas. Voller Energie zog die Honda über den Asphalt, ohne jede Anstrengung oder Stress flog sie die Straße entlang. So sollte das sein! Noch eine Kurve und noch eine und dann ein Schild nach Ruppichteroth, wieso eigentlich Ruppichteroth, das stand doch gar nicht auf seinem Zettel, also spontan links ab Richtung Röttgen. Hier war er noch nie gewesen, auch das nächste Schild Richtung Marienfeld sagte ihm nichts, aber dann stand da *Mich 3 km* und das war gut, denn in Mich wollte er frühstücken.

Das Visier hochgeklappt und die linke Hand auf dem Oberschenkel abgestützt, tuckerte er im zweiten Gang durch den Ort. Er sah eine Bäckerei mit Stehtischen und eine Imbissbude, die ihn mit *Futtern wie bei Muttern* einladen wollte, aber er suchte nach einem Tisch in der Sonne und gutem Kaffee. Zum zweiten Mal kam er an der Kirche in der Ortsmitte vorbei, bog diesmal in eine Nebenstraße ein und parkte schließlich vor einem weiß getünchten Fachwerkhaus. Das Schild *Gasthaus Zur Sonne* hatte ihn ebenso gelockt wie die Tische im Vorgarten und der Hinweis *Frühstück ab 8 Uhr*.

Von einem Tisch unter einem Birnbaum aus hatte er einen guten Blick auf die Honda und die Hauptstraße. Bei einer verschlafen wirkenden Frau mit einer klassischen weißen Rüschenschürze über dem Kleid bestellte er ein Kännchen Kaffee und ein Frühstück mit Ei. Er streckte die Beine unter dem Tisch aus und zog den Reißverschluss der Kombi bis zum Bauchnabel herunter. Vor mehr als fünf Jahren hatte er zu rauchen aufgehört, aber dies war einer der Momente, in denen er gerne eine Zigarette in der Hand gehabt hätte.

Die Frau kam mit dem Kaffee. Sie blieb für einen Augenblick stehen und blickte mit ihm auf die Hauptstraße.

„Jetzt geht es wieder los", sagte sie. Axel blickte fragend zu ihr hoch.

„Na, die Saison", antwortete sie auf seinen Blick und zeigte zur Straße. An der Ampel hatten zwei Chopper angehalten. Die Fahrer sahen zu ihm herüber und hoben die Hand. Axel schwenkte seine Kaffeetasse zum Gruß. Die Ampel wurde grün. Beide Fahrer legten krachend den ersten Gang ein und wummerten die Dorfstraße hinunter. Der frisch polierte Chrom der beiden Bikes fing das Sonnenlicht ein, bis sie wie zwei Christbäume funkelten.

Die Frau brachte sein Frühstück. Axel köpfte das Ei und dachte an die Unfälle. Er hatte keinen einzigen echten Beweis für ein Verbrechen. In jeder Saison starben ungefähr neunhundert Motorradfahrer bei einem Unfall. Darunter waren besonders viele junge, unerfahrene Piloten auf starken Maschinen. Zwei Drittel von ihnen starben durch die Kollision mit einem Auto. Fast alle waren dabei zu schnell. Die drei Opfer waren nicht jung, hatten Routine und verunglückten, ohne mit einem Auto zusammenzustoßen. Wie unwahrscheinlich war es, dass alle drei in diesem Wäldchen von der Straße abkamen? Ein Zufall war nichts anderes als ein ungewöhnlicher Zacken in der gleichmäßigen Kurve einer Statistik. Axel hoffte von den versammelten Asphaltfressern einen Hinweis zu bekommen. Er las vom Kassenbon unter seiner Kaffeetasse die Uhrzeit ab. Zeit aufzubrechen, wenn er einigermaßen pünktlich in Kürten eintreffen wollte. Die Frau trat zu ihm und kassierte. Sie beobachtete ihn, wie er sich auf der Honda den Helm aufsetzte und die Handschuhe überstreifte. Die Honda lief schon, als sie an den Gartenzaun trat.

„Am Ortsausgang ist ein Radargerät!", rief sie über den Motorlärm. „Gute Fahrt!"

Axel winkte und fuhr los.

Im vorgeschriebenen Tempo rollte er an dem Vogelkasten mit dem Blitzloch vorbei und suchte sich hinter der Ortschaft schnell wieder einen Weg abseits der Hauptstraße. Er schielte auf den Zettel auf seinem Tank und wiederholte wie ein Mantra die Ortsnamen auf seinem Weg. Es gab jetzt weniger Kurven, er pendelte sich auf ein entspanntes Tempo ein, bei dem er Wiesen und Kühe ausgiebig begutachten konnte. Manchmal roch es bis unter seinen Helm nach Grün und Sommer.

Hinter Engelskirchen fuhr er unter der Autobahn durch. Die Fahrbahn schwebte auf hohen Stelzen über der Landschaft. Es erschien ihm absurd, weit weg von der Natur möglichst schnell über dieses graue Band zu rasen, aber irgendwo in ihm drin freute er sich auf die schnelle Autobahnetappe bei der Rückfahrt.

Sein Roadbook schickte ihn hinter Lindlar auf ein schmales Sträßchen durch Niemandsland. Hier hoffte er auf ein paar letzte Kurven, bevor in Kürten der Ausflugsverkehr einsetzen würde. Tatsächlich schlängelte sich vor ihm der Asphalt durch die grünen Wiesen. Axel beschleunigte, um aus den Biegungen den maximalen Fahrspaß herauszukitzeln. In der ersten Kurve ging die Honda selbstständig vom Gas, rollte an den Straßenrand und stellte den Motor ab. Augenblicklich wurde es still. Eine fette schwarze Fliege landete mitten auf dem Visier und begann sich zu putzen. Axel wusste, was los war. Er hatte diese Ahnung in den letzten zwei Stunden erfolgreich verdrängt, aber jetzt versuchte er gar nicht erst zu starten, sondern zog den Schlüssel ab, um den Tankdeckel zu öffnen. Das dunkle

Auge der Tanköffnung war trocken. Er bewegte die Honda mit den Knien hin und her. Kein Glucksen war zu hören. Er musste sich nur ein wenig nach links beugen um zu sehen, dass er an der Tankstelle den Benzinhahn vor lauter Zorn versehentlich auf Reserve gestellt hatte. Der Tank war bis auf den letzten Tropfen leer. Also war es dem Tankwart doch gelungen, seine schlechte Laune an ihn weiterzugeben. Fluchend stellte Axel die Honda auf den Seitenständer und lief ein paar Meter zur Spitze des nächsten kleinen Hügels. Er stemmte die Hände in die Hüften. So weit das Auge reichte unberührte Landschaft. Mittendrin ein schimpfender Mensch in Lederkombi mit einem Integralhelm auf dem Kopf.

Widerstrebend begann Axel darüber nachzudenken, in welcher Richtung die nächste Ortschaft liegen könnte. Ein fettes Insekt brummte hinter ihm. Trotz des Helms wischte er mit der Hand über seinen Hinterkopf. Das Brummen wurde lauter. Das war kein Insekt, das war ein Motor! Axel fuhr herum. Auf der Straße hinter ihm kam ein Motorrad näher. Der Fahrer schien ebenfalls technische Probleme zu haben. Er hielt kurz an, gab plötzlich Vollgas und zerrte am Lenker, bis das Vorderrad eine Handbreit vom Boden aufstieg. Dann sackte das Motorrad wieder zurück, schlingerte über die ganze Straßenbreite, bis es wieder stand. So kämpfte sich der Mann voran. Schließlich sah er Axel, ging zu einer moderaten Fahrweise über und fuhr zu ihm. Auf einer mattschwarzen Fazer saß ein langer Typ. *Racing*- und *Maximum Speed*-Aufnäher verzierten seine farbenfrohe Lederjacke. Der Streetfighter-Helm war mit Aufklebern zu einem Totenschädel stilisiert, aber darunter quollen blonde Locken hervor. Zwei hellblaue Augen lachten Axel an.

„Tach auch, Kollege! Was läuft? Genießt du die Aussicht?", fragte der Streetfighter.

„Nur unfreiwillig. Mir ist der Sprit ausgegangen. Ich habe

mich, ähm, verschätzt, wollte in Kürten tanken, hat aber nicht mehr gelangt. Und bei dir? Spielt die Einspritzung verrückt?"

„Wieso? Das Bike hat überhaupt keine Einspritzung. Ich habe kein Problem, ich habe Wheelies geübt, Mann."

Der Streetfighter guckte beleidigt, entspannte sich aber schnell wieder.

„Am besten steigst du auf. Ich fahre nach Kürten zum Treffen der Asphaltfresser. Direkt nebenan ist eine Tankstelle."

Axel war dankbar für diesen Vorschlag. Die Honda stand sicher. Niemand konnte mit ihr davonfahren.

„Das trifft sich gut. Ich will auch zu dem Treffen. Dann sehe ich weiter."

Axel klappte sich die Fußrasten an der Fazer herunter und zog seine Handschuhe an. Er konnte sich nicht erinnern, wann er zuletzt Beifahrer auf einem Motorrad gewesen war. Ihm gefiel der Gedanke nicht besonders. Das Sitzbrötchen der Fazer thronte hoch in der Luft über dem Hinterreifen, aber wegen der hohen Fußrasten musste er seine Beine enorm einklappen. Vor ihm ragte der breite Rücken des Streetfighters auf. Axel konnte sich kaum vorbeugen, legte deshalb seine Hände auf die Schultern vor ihm. Er fühlte sich, als würde er auf einem Sprungbrett hocken.

„Alles okay! Kann losgehen!", brüllte er nach vorne.

Sag jetzt nichts, sag jetzt nichts!, redete er sich ein, dann zerrte er sich doch an den Schultern nach vorne.

„Und fahr schön vorsichtig, ja!?", rief er inbrünstig.

„Aber sicher doch, Kollege!", kam die Antwort von vorne. Die Fazer machte einen Satz und sprintete los. Wheelie-Versuche gab es nicht, aber ganz klar gab der Mann am Lenker alles. Axel hielt sich fest und machte die Augen zu. Glücklicherweise kamen nur noch wenige Kurven und eine kurze Vollgasstrecke, dann hörte Axel, dass heruntergeschaltet wurde.

Er öffnete vorsichtig die Augen. Sie waren schon auf einer Umgehungsstraße vor Kürten. Der Fahrer wusste offensichtlich, wo es langging. Zwei Kreuzungen weiter sah Axel rechts einen großen Parkplatz voller Motorräder und ein Haus mit einer Veranda voller Tische. Dort saßen Motorradfahrer in Grüppchen zusammen. Sie unterhielten sich, beobachteten dabei aber interessiert alle Motorräder, die in der langgestreckten Kurve vorbeifuhren. Sein Fahrer hatte dies auch schon bemerkt. Kurz vor der Gaststätte bremste er. Als unerfahrener Beifahrer nahm Axel noch im Rollen die Füße von den Rasten, um absteigen zu können. In diesem Augenblick gab der Streetfighter dem Bike die Sporen. Die Fazer ging vorne hoch und warf Axel hinten ab. Mit wild rudernden Armen hielt sich Axel auf den Beinen, rannte mit schwankenden Lulatsch-Schritten seinem Gleichgewicht hinterher, bis er vor den Treppenstufen der Veranda zu einem rutschenden Stillstand kam. Einige der Motorradfahrer applaudierten. Ein Fahrer mit Oberlippenbart stieg die Stufen herunter und schüttelte dem verwirrten Axel die Hand.

„Hallo, ich bin Richie. Wheelie hast du ja schon kennen gelernt. Willkommen bei den Asphaltfressern."

17.

Heia, das war echt schnell! Die Konturen der Bäume am Straßenrand wischten vorbei. Der Dark Rider hatte keine Chance bei diesem Tempo. Diese letzte Kurve noch ... Neben ihm tauchte ein Schatten auf und kam unaufhaltsam näher.

18.

Schnell saß Axel zusammen mit den Asphaltfressern an einem Tisch. Die Geschichte war ihm peinlich, aber er erzählte zum

Amüsement der anderen von seinem Benzinproblem. Wheelie spendierte ihm eine große Apfelschorle auf den ungewollten Abwurf. Die anderen machten sich über Wheelie lustig, bis er sich genervt in das Gasthaus verzog. Richie wand sich an Axel.

„Wheelies Fazer wird schnell ohnmächtig. Jedenfalls erzählt er uns regelmäßig, sie sei in der Garage umgekippt. Deshalb verbraucht er ein Menge Spiegel und Kupplungshebel im Monat. Wir haben eher die Theorie, dass er sich bei seinen Wheelieübungen regelmäßig hinlegt. Wir hier am Tisch sind die Alltagsfahrer-Fraktion der Asphaltfresser. Die schnellen Jungs mit den Stummellenkern sitzen drinnen und gucken Renn-Videos. Wheelie würde lieber zu dieser Fraktion gehören."

Der Treffpunkt *Zur Schönen Aussicht* schien nicht nur die Asphaltfresser anzuziehen. Immer mehr Motorradfahrer trafen einzeln oder in Gruppen ein. Allmählich wurde der Parkplatz zu einer Ausstellungsfläche für alle Arten von Motorrädern.

Am Tisch ging eine große Vorstellungsrunde los. Richie begann.

„Ich fahre Buell und komme deshalb aus Brühl. Oder umgekehrt."

Tom aus Köln fuhr eine XT 500 Baujahr 1976 im Originalzustand (Richie soufflierte für Axel „Größter Traum: Einmal die Treppen der Domplatte herunterfahren"); Pedder, Ural-Gespannfahrer aus Bonn („Hat eine Drehbank im Beiwagen, für alle Fälle"); Kurt, BMW-Treiber aus Hückeswagen („Seit er seine Heizgriffe nicht mehr abstellen kann, grüßt der auch Mofas"); Waltraud aus Wuppertal auf einer Goldwing („Mit einem Honda-Händler verheiratet, die Arme"); Arne aus Hamburg mit einer Ducati Monster („Auf Montage in Köln, ein Fischkopp unter Jecken"). Vor Axel kam jetzt nur noch ein

Mann mit Hakennase und rosa Windjacke. Nachdem der sich als Güllepumpe-Jens („Der Name sagt alles") aus Siegburg vorstellte, fand Axel sein *Ace* fast schon bieder und traute sich, den Namen auszusprechen. Anschließend holte er seinen Ausweis hervor und legte ihn auf den Tisch.

„Eigentlich heiße ich Axel Schröder und bin Kommissar bei der Kripo Köln. Ich untersuche, ob es sich bei den Unfällen in den letzten Wochen um ein Verbrechen handelt. Ich brauche eure Hilfe bei den Ermittlungen."

Acht Augenpaare sahen ihn überrascht an. Nach seinem kleinen Stunt vorhin mochten sie ihm den Kommissar nicht recht glauben. Axel hatte ein ausgezeichnetes Gedächtnis, aber jetzt zückte er seinen Notizblock mit dem Kugelschreiber und legte beides vor sich. Seinen Kripo-Ausweis hatten sie nicht ernst genommen, aber mit diesem Kommissar-Colombo-Notizblock wurde er zur Autorität.

Richie überwand seine Überraschung als Erster.

„Und was sollen wir zu den Unfällen sagen, Ace? Oder heißt es Kommissar Ace?"

„Nennt mich wie ihr wollt, aber macht euch eins klar: Was die drei Verunglückten miteinander verbindet, ist dieses Forum. Bitte erzählt mir alles, was irgendwie mit der Sache zu tun haben kann. Ich habe keinen konkreten Verdacht und ermittle in alle Richtungen."

Axel blickte erwartungsvoll in die Runde. Begeistert guckte keiner. Manche lehnten sich zurück und verschränkten die Arme vor der Brust. Bevor sich die Stille ausbreiten konnte, legte Axel nach.

„Bisher ist die Presse noch nicht auf die Unfälle aufmerksam geworden. Das kann sich schnell ändern. Falls ich nicht vorher etwas anderes ermittle, lauten die Überschriften dann: *Motorradfahrer rasen in den Tod! - Schärfere Kontrollen nötig! - Ge-*

schwindigkeitsbegrenzungen in Waldstücken! - Fahrverbot auf kleinen Straßen! und so weiter ..."

Ein Stöhnen ging durch die Runde.

„Außerdem: Wenn jemand diese Unfälle verursacht hat, läuft er ungestraft herum. Und gefährdet uns alle."

Richie war offensichtlich so etwas wie der Wortführer der Runde. Axel war froh, als er das Eis brach.

„Es gibt noch etwas, was die drei verbindet. Ihnen wurden im letzten Jahr brandneue Maschinen gezockt. Kurz hintereinander. In Profimanier."

Axel nickte ermutigend.

„Das habe ich schon herausgefunden. Du warst Zeuge bei einem der Diebstähle."

„Na ja, Zeuge. Ich saß in der Eisdiele und sah Jan mit seiner ZX-6R ankommen. Freie Sicht auf das Bike hatte ich nicht, aber auf Jan, der stand in der Schlange an der Eistheke. Er hatte gerade sein Eis in die Hand bekommen, da gab draußen jemand richtig Gas. Wir haben beide den Sound erkannt und sind herausgerannt, Jan mit dem Eis in der Hand. Die ZXR ging in diesem Augenblick mit Vollspeed um die Ecke. Den Typen darauf konnte ich nur ganz kurz von hinten sehen. Ich kann deshalb quasi gar nichts zu ihm sagen, bis auf das eine: Er trug über einer Lederjacke eine Jeansjacke ohne Ärmel mit irgendeinem Ornament hinten drauf."

Pedder legte mächtige Unterarme auf den Tisch und beugte sich zu Axel.

„So was nennt man auch Kutte, falls du das nicht selber weißt. Das sind die Clubfarben von einem MC. Böse Jungs."

Axel beugte sich ebenfalls ein wenig vor.

„Du meinst die Lucky Joker, nicht wahr?"

Pedder nickte bedeutungsschwer.

„Oder der Black Rebel MC selbst", warf Richie ein.

Pedder guckte fassungslos.

„Wie jetzt, die sollen von ihrem eigenen Club beklaut worden sein?"

„Ich kannte Gunnar, Jan und Markus nicht besonders gut. Die hingen zusammen herum und sind gemeinsam gefahren. Als ich mit Jan vor der Eisdiele stand war mein erster Gedanke, dass die sich gegenseitig ihre Kisten klauen, um kassieren zu können. Jan hatte seinen Schlüssel zwar noch in der Hand, aber das hat nicht viel zu bedeuten. Vielleicht hatte Gunnar den Zweitschlüssel. Er zieht sich eine Phantasie-Kutte an und fährt Jans Kiste in eine Garage. Das ist eine Kampfansage an die Lucky Joker, gleichzeitig wird der Verdacht auf sie gelenkt."

„Es sieht so aus, als hätten die drei nicht nur mit Teilen von eigenen Maschinen gehandelt. Falls das stimmt, dann sind die Lucky Joker bestimmt sauer geworden", legte Axel nach.

Auf der Straße kamen kernige Motorengeräusche näher. Alle wandten die Köpfe und begutachteten zwei rubinrote Harleys im Bobber-Style. Neben allem anderen Überflüssigen waren ihnen auch die Schalldämpfer entfernt worden. Der Sound aus den offenen Rohren ließ das Gespräch verstummen, bis die Harley-Fahrer den optimalen Stellplatz gefunden und die beiden Maschinen exakt nebeneinander ausgerichtet aufgestellt hatten. Nach einem letzten Gasstoß stellten sie die Motoren ab.

In die plötzliche Stille hinein ergriff Tom das Wort.

„Ich weiß nicht recht. Die Lucky Joker waren bestimmt mal die bösen Jungs, aber inzwischen sind einige Jahre vergangen. Schwer zu sagen, ob die sich heute noch von drei hungerleidenden Versicherungsbetrügern zu einem Mord verleiten lassen. Auf jeden Fall versuchen die, ihr schlechtes Image loszuwerden. Heute Nachmittag machen sie zum Beispiel einen Grillabend vor ihrem Clubhaus. Da ist jedermann willkommen.

Fahr doch hin und schau dich um. Vielleicht komme ich auch vorbei."

Axel guckte ungläubig. Zum Grillen bei den Lucky Jokern?

„Das hört sich ja nach einer ADAC-Ortsgruppe an. Lassen die mich mit meiner Honda überhaupt aufs Gelände? Und anschließend auch wieder runter?"

„Das soll alles ganz friedlich sein. Ich selbst war noch nicht da, aber ein Kumpel von mir hat sich das mal angetan. Was deine Honda angeht: Du wirst überrascht sein, welche Maschinen da so rumstehen."

Axel fand es war Zeit, einen neuen Köder auszulegen.

„Ein weiteres Bindeglied zwischen den drei Unfällen ist die Firma AHS-Bike. Was haltet ihr von Leo Nehls?"

Die meisten schienen die Firma nur aus Erzählungen zu kennen. Bei Richie war das anders.

„Vor meiner Buell habe ich alle meine Japaner bei ihm gekauft. Der Service ist mies, aber die Preise sind unschlagbar. Der Typ verkauft dir deine eigene Großmutter, und er liefert sie auch. Sympathisch ist der mir nicht. Der ist professionell freundlich aber unberechenbar."

Axel erinnerte sich daran, wie nah ihm Nehls gestern auf die Pelle gerückt war. Er beschloss, keine besondere Rücksicht auf den Mann zu nehmen.

„Vor zwölf Jahren war Leo Nehls als Mitglied der Lucky Joker angeklagt, wurde allerdings freigesprochen. Heute bestreitet der jeden Kontakt mit ihnen. Natürlich auch mit den Black-Rebel-Jungs."

Richie war sichtlich überrascht.

„Sieh an, der war mal ein Joker ... Dass er kein normaler Geschäftsmann ist, war mir schon klar. Dafür ist der mit zu vielen Firmen in Konkurs gegangen. Aber der ist aalglatt. Man hat ihm nie kriminelle Energie nachweisen können. Ich könnte auch nichts Negatives über ihn sagen. Aber ich traue ihm alles Mögliche zu. Wir sollten zu den anderen reingehen. Da sitzen viele Kunden von AHS-Bike, die können vielleicht mehr sagen."

Diesmal ließ das Geräusch von quietschenden Reifen die Köpfe herumfahren. Eine Supermoto-KTM kam in voller Schräglage um die Kurve. Der Fahrer hatte beide Füße auf den Fußrasten und versuchte, nicht zu driften, aber kurz vor dem Ausgang der Kurve gab er zu viel Gas. Das Hinterrad brach aus und wanderte langsam nach vorne. Die KTM legte sich auf die Seite, schleuderte den Fahrer auf seinem Hosenboden von sich weg, rutschte ein Stück und produzierte eine perfekte Drehung um dreihundertsechzig Grad mit der Fußraste als Kreismittelpunkt. Der Fahrer rutschte auf Händen und Hintern ein paar Meter, war dann aber schnell wieder auf den Beinen, um die KTM von der Straße zu holen. Beiden war nichts passiert. Der Fahrer grinste. Betont langsam bog er auf den Parkplatz ein. Auf den Schreck war ein Kaffee fällig.

Die Asphaltfresser drehten sich wieder um.

Arne war schon die ganze Zeit unruhig auf seiner Bank hin und her gerutscht. Jetzt hielt er es nicht mehr aus.

„Ich kann das Gerede nicht länger mit anhören. Warum spricht niemand aus, was wirklich Sache ist? Gunnar Droste war ein Freund von mir. Ich war dabei, als der Dark Rider ihn zu einem Wettrennen herausgefordert hat. Der hat Gunnar auf dem Gewissen!"

„Was heißt, du warst dabei? Habt ihr den Mann getroffen?"

„Nein, natürlich nicht. Ich war mit Gunnar im Séparée des Chatrooms. Ich habe das nicht ernst genommen, weder die Herausforderung des Dark Riders noch dass Gunnar darauf einging. Kurz darauf hat man ihn gefunden."

„Gab es auch bei den anderen Herausforderungen Zeugen?"

Die Gruppe schwieg. Richie saß mit gesenktem Kopf da. Schließlich antwortete er.

„Ich habe mitbekommen, wie Jan den Dark Rider beschimpfte und ihm an Gunnars Tod die Schuld gab. Der hat das bestritten. Er hat behauptet, Gunnar sei hinter ihm von der Strecke abgekommen. Er hat provoziert und Jan einen Feigling genannt. Ich habe nicht geglaubt, dass Jan sich auf die Sache einlassen würde. Aber ich habe auch nicht versucht, es ihm auszureden."

„Und bei Markus Döhner? Habt ihr auch von diesem Treffen gewusst und geschwiegen?"

Timm widersprach.

„Markus hat sich mit dem Dark Rider verabredet, ohne dass wir davon etwas mitbekommen haben. Ich bin mir sicher, dass Markus kein Rennen fahren, sondern diesen Typen stellen wollte. Wir haben im Forum darüber diskutiert. Alle waren sich einig: Den schnappen wir uns. Markus wollte das wahrscheinlich im Alleingang machen. Wenigstens war er so schlau, seinen Helm nicht abzunehmen. Leider hat ihm das nichts genutzt. Ich kann nicht glauben, dass alle drei von der Straße abkamen und so schwer verletzt wurden, ohne dass jemand nachgeholfen hat."

„Der Dark Rider ist doch ein Biker wie ihr. Weshalb sollte er die drei in Gefahr bringen?"

„Das ist so ein bescheuertes Macho-Ding." Waltraud regte sich immer mehr auf, als sie weitersprach. „Der Dark Rider will der geilste von allen sein, und wenn da jemand möglicherweise schneller fährt und weniger Todesangst hat als er, dann drängt er ihn von der Straße. Dazu ist der in der Lage. Um Stunts zu fahren wie der Dark Rider muss man ähnliche Manöver draufhaben. Das Schlimme ist, dass Gunnar, Jan und Markus sich auf diesen Wahnsinn eingelassen haben. Jan und Markus haben bestimmt darüber nachgedacht, ob der Dark Rider sie vielleicht abdrängen würde. Und natürlich waren sie davon überzeugt, ihnen könne nichts geschehen. Weil nämlich in Wahrheit sie die Geilsten von allen sind und keine Angst haben."

Richie fiel ihr ins Wort.

„Aber du hast selbst zugegeben, dass du die Fahrerei des Dark Riders beeindruckend findest. Du warst immer die Erste, die vor den Unfällen im Forum von einer neuen Wahnsinnsfahrt geschwärmt hat!"

„Tja, da hast du Recht. Ich bin schon mächtig fasziniert von der Akrobatik. Manchmal frage ich mich, ob ich auch so fahren möchte. Dann gucke ich mir meine Goldwing an und mir wird klar, mit dieser Badewanne kann ich das vergessen. Der Dark Rider hat ja auch so etwas von einem Robin Hood, wenn er seinen Stunt abliefert und dann verschwindet. Aber natürlich ist er eine Katastrophe für das Image aller anderen Motorradfahrer."

Richie wand sich an Axel.

„Lass uns mal reingehen. Ich stelle dich den anderen vor. Vielleicht erfährst du von den Sportlern etwas Neues."

Axel schnappte sich sein leeres Glas und folgte Richie. Auf dem Weg über den Parkplatz gingen sie durch eine große Gruppe von Fahrern, die auf ihren Maschinen herumhingen. Plötzlich drang Axel ein Trompetenstoß in das rechte Ohr. Ein bulliger Mann mit einem schwarzen Westernhut stand aufrecht in den Fußrasten seiner Goldwing und blies eine Fanfare. Axel kannte das Trompetensignal aus Western. John Wayne hatte es immer blasen lassen, wenn er seine Truppe zum Angriff sammelte. Der Mann mit dem Hut steckte das Horn in eine der Packtaschen an der Goldwing, startete den Motor und stellte sich wieder in die Fußrasten. Er ließ die flache Hand zweimal über den Kopf kreisen. Dann zeigte er mit zwei Fingern die Fahrtrichtung an und rollte los. Alle folgten ihm in einer langen Schlange.

Richie stieß Axel grinsend in die Seite.

„Falls dir die Asphaltfresser zu locker und chaotisch sind, es gibt auch straffer organisierte Clubs, wie du siehst.“

Axel winkte dankend ab.

Der große Raum der Gaststätte war fast ausschließlich von Menschen in Motorradkleidung belegt. Axel stellte sich in die Schlange an der Theke. In jedem Gesprächsfetzen, der an sein Ohr drang, ging es irgendwie um Motorräder. Der Dark Rider war in vielen Gesprächen das Hauptthema. Mit einer neuen Apfelschorle folgte Axel Richie in einen kleinen Saal. Die Vorhänge waren zugezogen und ein Beamer projizierte ein Video im schnellen Vorlauf auf eine der Wände. Die Bilder liefen leicht verwackelt und unscharf über die Struktur der Tapete. Die Kamera filmte vom Tank eines Motorrads aus über die Instrumente hinweg die Fahrt auf einer Autobahn. Über eine Musikanlage kam der brüllend laute Sound des Motors, unterlegt von brachialem Speed-Metall. Axel brauchte einige Augenblicke, um an den Ausfahrtsschildern den Kölner Autobahnring zu erkennen. Als Nächstes realisierte er, dass der Tacho am unteren Bildrand zweihundertfünfzig km/h anzeigte. Rechts unten war eine digitale Uhr eingeblendet, eine Sekundenanzeige tickte dahin. Axel schluckte: Das Video wurde nicht zu schnell abgespielt! Die Autos flogen ruckartig vorbei, weil die Maschine mit extremer Geschwindigkeit an ihnen vorbeizog. Weit voraus fuhr gerade ein BMW auf der linken Spur. Einen Atemzug später war das Motorrad kurz hinter ihm. Der BMW zog weiter voran. Der Motorradlenker auf dem Bild kippt ganz leicht nach rechts, weil die Maschine rechts an dem BMW vorbeigesteuert wurde. Im selben Moment zog auch der BMW nach rechts. Axel spürte, wie ihm Adrenalin ins Blut schoss. Unwillkürlich verkrampften sich seine Finger zu einer hilflosen Bremsbewegung. Der Fahrer des Kameramotorrads hatte längst reagiert. Mit einem eleganten Schlenker war die Maschine links am BMW vorbei und beschleunigte wieder.

Axel hörte Richies Stimme an seinem Ohr.

„Einmal um den Kölner Autobahnring in siebzehn Minuten. Der Dark Rider begrüßt dich an Bord."

Axel beugte sich zu Richie.

„In siebzehn Minuten? Das ist nicht möglich. Einmal herum sind das ungefähr fünfzig Kilometer. Morgens um vier Uhr ist die Strecke vielleicht frei, aber diese Aufnahme da ist tagsüber entstanden."

„Guck genau hin. Die Uhr läuft. Der Typ fährt einen Durchschnitt von einhundertundneunzig km/h."

Die flackernden Bilder an der Wand zeigten gerade, wie das Motorrad zwischen zwei Autos durchzog. Die Nadel des Drehzahlmessers schlug aus und der Kamerablick stieg hoch in Richtung Himmel. Für einige Sekunden sah man nur graue Wolken, dann ließ der Dark Rider das Vorderrad wieder zurück auf die Fahrbahn sinken. Das Ausfahrtsschild Köln-Klettenberg war kurz im Bild, die Maschine zog auf die rechte Spur und schoss die Ausfahrt entlang. Der rechte Handschuh des Fahrers tauchte dicht vor der Kamera auf. Der Dark Rider hatte die Hand vom Gas genommen und machte mit dem gestreckten Zeigefinger und dem kleinen Finger das Zeichen für Satan vor der Linse. Die Uhr zeigte siebzehn Minuten und zwölf Sekunden. Das Video blendete professionell in die Aufnahmen eines gigantischen Feuerballs über. Die Musik wurde lauter. Alle im Saal applaudierten. Es schien der letzte Film des Tages zu sein, denn ein Biker schob die Vorhänge zurück und die meisten standen auf, um in die Sonne zu gehen.

Axel und Richie ließen sich mit nach draußen treiben. Einige aus der Gruppe mischten sich unter die Asphaltfresser am Tisch.

Richie postierte sich an das Kopfende und schob Axel auf den letzten freien Platz.

„Hört mal her, ich will euch jemanden vorstellen. Das hier ist Ace."

Eine Menge Augenpaare musterten Axel neugierig. Seine altmodische Kombi machte sofort klar, dass er als Fahrer in eine andere Liga gehörte. Ein Rothaariger streckte Axel wie eben auf der Leinwand den Zeigefinger und den kleinen Finger entgegen.

„Hi Ace! Du bist bestimmt der neugierige Besucher aus dem Chatroom. Ich bin Patrick. Willkommen bei den Asphaltfressern!"

Richie setzte seine Eröffnungsrede fort.

„Ace hat berufliche Gründe dafür, neugierig zu sein. Er ist bei der Kripo und untersucht die drei Unfälle. Wir haben uns schon mit ihm unterhalten und wir glauben, er ist in Ordnung. Ihr solltet mit ihm reden. Vielleicht hilft er uns, die Sache zu klären."

Axel war dankbar. Die meisten der neu dazugekommenen Fahrer sahen ihn zweifelnd an. Ohne Richies Bemerkung hätten sie kein Wort mit ihm gewechselt.

„Um das mal klarzustellen: Ich bin nicht hier, um sportliche Motorradfahrer vor den Kadi zu zerren. Ich fahre selbst oft so, wie es Spaß macht. Es geht auch nicht um den neuen Rundenrekord des Dark Riders. Der interessiert mich nur, weil er etwas mit den Unfällen zu tun hat. Ihr wisst, dass er zu Wettrennen herausgefordert hat. Es ist extrem merkwürdig, dass dabei drei gute Fahrer verunglückten. Wieso applaudiert ihr ihm noch, so wie eben im Saal?"

„Jetzt will ich mal was klarstellen!"

Ein Zwei-Meter-Mann in schwarzer Kombi ergriff das Wort. Der Rücken-Protektor im Nacken ragte von seinem Rücken ab und ließ ihn wie einen Raben aussehen. Sein Adamsapfel tanzte vor Aufregung auf und ab.

„Niemand war bei den Unfällen dabei, deshalb weiß auch niemand, was dort wirklich geschehen ist. Solange nicht das Gegenteil bewiesen ist, bleibt der Dark Rider für mich deshalb unschuldig. Wer sich auf ein Rennen einlässt, ist für sich selbst verantwortlich, ob auf der Rennstrecke oder auf der Straße. Der Dark Rider weiß genau, was er tut. Er kann abschätzen, ob er nur sich selbst oder andere gefährdet. Wenn das alle so wie er drauf hätten, gäbe es keine Unfälle. Deshalb habe ich überhaupt kein Problem damit, wenn ich sage, der Dark Rider ist cool. Der hat seinen Spaß, die anderen Spießer und Scheintoten können den mal."

Patrick kam Axel mit einer Erwiderung zuvor. Er legte dem großen Mann neben sich die Hand auf den Arm.

„Jetzt beruhige dich mal, Don. Ich finde die Fahrerei des Dark Riders auch extrem cool, aber du weißt so gut wie ich, dass Gunnar, Jan und Markus gute Fahrer waren. Dass einer von denen verunglückt, mag ja vorkommen, aber alle drei ... Wie kann das sein? Wenn du zu schnell in eine Kurve gehst, dann bremst du zu stark und legst dich auf die Seite. Aber wieso knallst du ungebremst in den Wald? Ich glaube, da hat jemand nachgeholfen. Und ich glaube, das war nicht der Dark Rider."

„Aber der Dark Rider hat doch im Forum über die Unfälle geredet", wand Axel ein.

„Jeder kann sich im Forum Dark Rider nennen, wenn er die Herausforderungen ausspricht und wenn er die Unfälle erklärt. Ich glaube, deshalb widerspricht der echte Dark Rider auch nicht innerhalb des Forums. Niemand könnte den echten von falschen Versionen unterscheiden. Ich glaube, der versucht wie

Markus, dieses Schwein zu stellen. Nur so kann er seinen guten Ruf wieder herstellen. Und da gebe ich Don vollkommen Recht: Solange niemand die Schuld des Dark Riders bewiesen hat, stehe ich zu ihm. Der Typ fährt geil und ist geil. Punkt."

„Ich sage noch mal: Ich bin hier, um diese Unfälle aufzuklären. Das Handeln mit geklauten Motorradteilen interessiert mich nicht. Deshalb bitte ich um eure ehrliche Antwort: Könnten die Lucky Joker einen Grund haben, Gunnar, Jan und Markus einen bösen Denkzettel zu verpassen?"

Am anderen Ende des Tisches saß ein Fahrer mit rasiertem Schädel. Der ließ seinen Blick einmal über alle Asphaltfresser gleiten, bevor er sprach.

„Von diesem Gerücht habe ich auch gehört. Die meisten von uns kommen nicht aus Köln wie Gunnar, Jan und Markus. Die drei hingen eng zusammen. Was die gemacht haben, wissen wir nicht. Uns haben die niemals Teile angeboten oder davon erzählt. Ich fürchte, wir können zu den Lucky Jokern nichts sagen."

Axel wollte widersprechen, aber ihm wurde klar, dass der Mann gerade so etwas wie die offizielle Version ausgegeben hatte. Er blickte sich um. Die anderen würden sich zu diesem Thema nicht äußern. Er versuchte es von einer anderen Seite.

„Leo Nehls macht mir mit der Z 1000 den Mund wässrig. Was haltet ihr von ihm als Händler?"

Den meisten war klar, dass sie ziemlich plump geködert werden sollten, aber sie konnten einem Angebot zum Fachsimpeln nicht widerstehen. Don hatte sich so weit beruhigt, dass er wieder mitredete.

„Solange du beinhart mit ihm verhandelst, kann das ein guter Deal werden. Der verkauft ja nur graue Importmodelle ohne Garantie, also musst du eine Garantieversicherung abschließen und diese Kosten mit einkalkulieren. Wenn du finanziert kaufst, solltest du die monatlichen Raten immer schön rechtzeitig überweisen ..."

„Wieso, was kann mir passieren außer gemahnt zu werden?"

„Leo Nehls mag es nicht, wenn Finanzierungen platzen. Um dich zu motivieren, lässt er dich schon mal von netten Freunden besuchen, die dir ein wenig Dampf machen."

„Das ist ja interessant. Markus, Jan und wahrscheinlich auch Gunnar waren mit ihren Ratenzahlungen im Verzug."

„Welche Schlüsse du daraus ziehst, ist dein Ding. Aber ein toter Biker zahlt überhaupt keine Rate mehr. Das macht keinen Sinn."

„Vielleicht ist beim Dampfmachen etwas schiefgegangen."

„Und das dreimal hintereinander? Ich dachte, du bist derjenige, der nicht an Zufälle glaubt."

Axel gab sich geschlagen. Er holte seine Brieftasche hervor und suchte seine Visitenkarten zusammen.

„Tut mir einen Gefallen und ruft mich an, wenn ihr irgendetwas Wichtiges hört oder euch etwas Neues einfällt. Hier ist meine Nummer. Lasst uns diese Unfälle so schnell wie möglich aufklären."

Er legte die Visitenkarten mitten auf den Tisch. Es dauerte einen Moment, aber dann griffen sich einige der Asphaltfresser eine Karte und steckten sie ein. Am Ende waren alle verteilt.

Aufbruchsstimmung setzte ein. Pedder erklärte sich bereit, Axel bei der Honda abzusetzen.

„Ich habe immer einen Kanister im Beiwagen. Das reicht bis zur nächsten Tanke."

Richie schlug vor, bis zur Mitte der Woche das nächste Treffen festzulegen.

„Wo ist eigentlich Frankie mit seiner neuen Suzuki? Wollte der heute nicht auch kommen?", fragte er in die Runde. Tom winkte ab.

„Er hat mir gemailt, er hätte etwas Wichtiges zu tun. Keine Ahnung, was er vorhat."

Waltraud rollte bald winkend auf der Goldwing an ihnen vorbei. Arne ließ die Monster warmlaufen, während er sich den Helm aufsetzte. Die anderen standen bei Tom und zählten laut die Kickversuche an der XT mit. Bei vier hatte der Kickstarter einmal zurückgetreten, aber nur Toms Motocross-Stiefel getroffen. Bei sechs zeigten sich erste Schweißtropfen auf seiner Stirn, bei sieben jedoch erwachte die XT und hielt tapfer das Standgas.

Wheelie versuchte eine letzte Showeinlage. Er platzierte sich so auf dem Parkplatz, dass ihn möglichst viele Biker sehen konnten, gab Vollgas und ließ die Kupplung springen. Leider war der Motor noch nicht warm genug für solch einen spontanen Leistungseinsatz. Die Kupplung würgte ihn ab, als das Vorderrad gerade hochkam. Die Fazer kippte abrupt nach vorne, Wheelie rutschte auf den Tank und ruderte wild mit den Beinen, um nicht umzufallen. Die meisten Biker auf dem Parkplatz schauten irritiert. War das ein Versehen oder sollte das so sein? Wheelie zog es vor, den Parkplatz blitzartig zu verlassen.

Hinter Axel ertönte eine Ballhupe. Pedder hatte die Ural ans Laufen gebracht und quetschte den Gummiball an seinem Lenker. Er sah Axels misstrauischen Blick.

„Alles ganz legal! Hauptsache Hupe, das darf auch so ein Furzgummi sein!", rief er über das Tockern der Ural.

Axel zog Helm und Handschuhe an. Richie und die übrigen sahen zu, wie er sich in den Beiwagen zwängte. Seine Beine waren zu lang, um ausgestreckt in das Boot zu passen, also zog er die Knie an und hockte sich auf den schmalen Sitz. So tief über dem Boden hatte er zuletzt vor circa dreißig Jahren auf seinem Kettcar gesessen. Die Ural schüttelte sich. Axel hielt sich mit beiden Händen am Rand des Beiwagens fest und nickte Pedder zu. Er war bereit. Richie trat noch einmal zu ihnen.

„Kommissar Ace, wie du da so todesmutig sitzt, bringst du alle meine Vorstellungen von einem deutschen Kriminalkommissar ins Wanken. Und die Handschuhe sind megageil! Wo sind die her?"

Axel konnte gerade noch „Designerware - Italien!" ausrufen, dann hatte Pedder schon krachend den Gang eingelegt und knatterte los. Die ersten paar Minuten waren nervenzerfetzend. An der Ampel ragte ein Panda bedrohlich neben ihm auf, während ihm die Oma am Steuer mitleidig zusah, wie er beinahe in gleicher Höhe mit dem Auspuff einatmete. Als Pedder einen LKW überholte, war sich Axel für einen Augenblick sicher, dass er seinen Beiwagen mit ihm darin vergessen hatte. Die Ural schob ihn zielsicher in Richtung des Zwillings-Hinterreifens. Axel war kurz davor, den Absprung vorzubereiten, aber dann lenkte Pedder doch Handbreit an dem LKW vorbei. Sobald sie auf der Landstraße waren, genoss Axel die Situation. So tief über dem Boden war das Fahrerlebnis noch eindrucksvoller als im Motorradsattel. Die Ural zog ihn behäbig aber stetig voran. Axel konnte zusehen, wie sich das Öl aus der Zylinderfuß-Dichtung drückte und eine dünne Tropfspur hinterließ. Schließlich tauchte die Honda auf. Sie stand unversehrt am Feldrand und sah aus, als würde sie sich langweilen. Pedder fuhr an ihr vorbei und wendete. Axel war nicht klar, dass er sich gegen die Kurve legen musste. Das Beiboot kippte hoch, Pedder fuhr ein paar Meter mit Axel in Schräglage, brachte ihn dann direkt neben der Honda wieder auf den Boden.

„Junger Mann, du zeigst die Kurvendynamik eines Zementsacks. Wird Zeit, dass du zurück auf deine Honda kommst."

Axel entfaltete sich mühsam neben dem Beiwagen. Pedder ließ die Ural ausgehen und kramte den Benzinkanister aus den

Tiefen des Beiwagens. Die Honda schluckte die fünf Liter gierig. Axel öffnete den Benzinhahn, diesmal nicht auf Reserve, und sie sprang problemlos an. Er griff nach der Brieftasche, aber Pedder stoppte ihn.

„Lass mal, dafür hilfst du beim nächsten Mal, wenn du einen Biker am Straßenrand schrauben siehst. Viel Glück bei deinen Ermittlungen! Ich hoffe, der Fall ist bald gelöst."

Pedder donnerte los, eine Spur von Öltropfen zurücklassend.

19.

Das Vogelgezwitscher brachte ihn zurück. Frankie lag eine Weile da, bevor er die Augen öffnete. Baumwipfel im Sonnenlicht bewegten sich langsam im Wind in dem Fensterausschnitt seines Visiers. Er hatte keine Schmerzen. Mit zittrigen Fingern löste er den Riemen des Helms und zog ihn vom Kopf. Das erschöpfte ihn so, dass er den Helm fallen lassen musste. Rechts von ihm leuchtete etwas Helles. Er drehte den Kopf. Die Suzuki lag da. Der Motor lief nicht, aber das Fahrtlicht schien ihm ins Gesicht. Nicht gut für die Batterie, dachte Frankie. Zündung ausschalten. Nur ein paar Schritte ... Er konnte seine Beine nicht bewegen.

20.

Axel entschied sich, auf Nummer Sicher zu gehen. Er nahm den direkten Weg zur Bundesstraße und blieb auf ihr, bis eine Tankstelle auftauchte. Gewissenhaft ließ er den rosafarbenen Sprit bis ganz an den Rand des Tankverschlusses hochsteigen. Dann setzte er den Tageskilometerzähler auf Null. Er würde nicht noch einmal wegen Spritmangels liegen bleiben.

Der Mann an der Kasse verstand ihn nicht, als er nach dem Bezahlen noch etwas sagte. Axel zog die Kante des Helms nach unten, bis der obere Rand seine Augen bedeckte, dafür aber der Mund über dem Kinnschutz war und er frei sprechen konnte. Endlich verstand der Mann das Wort *Toilettenschlüssel.* Er reichte Axel eine leere Öldose, an der ein Schlüssel baumelte. Axel ging um die Ecke und quetschte sich in die enge Toilette. Den Reißverschluss zog er bis zum Anschlag im Schritt nach unten, aber das war noch nicht weit genug, um problemlos pinkeln zu können. Einen Moment haderte er mit sich, ob er die Kombi ausziehen sollte. Dann beugte er sich weit vor, bis er schräg stand, lehnte den Helm gegen die Wand und drückte seinen Rücken ins Hohlkreuz. Endlich konnte er die Apfelschorle loswerden. Die absurde Haltung ließ ihn kichern. Immerhin ging das besser als das Pinkeln im Winter, wenn er sich durch mehrere Lagen Motorradkleidung durchwühlen musste und das, wonach er suchte, sich wegen der Kälte irgendwo in die Bauchdecke zurückgezogen hatte. Mit der Öldose schlenkernd, brachte er den Schlüssel zurück. Endlich weiterfahren!

Die Stadt war schon ziemlich nahe gerückt. Es machte keinen Sinn mehr, kleine Sträßchen zu suchen. Er folgte blauen Autobahnschildern, bis er eine Auffahrt gefunden hatte. Die Bahn war frei, alle Autofahrer saßen irgendwo vor Kaffee und Kuchen. Der Dark Rider war mit einhundertundneunzig km/h Durchschnittsgeschwindigkeit unterwegs gewesen! Axel drehte das Gas bis zum Anschlag auf. Die Honda zog nach vorne, langsam drehte der Motor hoch, verlangte nach dem nächsten Gang, dann nach noch einem. Die Umgebung flog vorbei. Sicher, das war schnell, schneller als Axels Körper sich sonst durch die Welt bewegte. Aber etwas nagte in ihm. Die Honda war ein gutes Motorrad, sie war nur - tja, gemütlich. Das war nicht das wilde, gefährliche Leben. Der Montag und die Z würden kommen. Mal sehen, wie die sich anfühlen würde.

Er blieb auf dem Gas bis zur Ausfahrt Bayenthal. Die weite Kurve sah einladend aus. Es dauerte zwei Sekunden, in denen er nur wenig nach innen zog, bis er merkte, dass er zu schnell war. Obwohl jetzt alles sehr schnell ging, verlangsamte sich seine Wahrnehmung der Zeit. Er sah sich selbst dabei zu, wie er herunterschaltete und so stark wie möglich bremste. Die Honda blieb stabil in der Spur, aber diese Spur trug sie immer weiter nach außen. Die Leitplanke kam näher. Axel versuchte, gleichzeitig weiter zu bremsen und in größere Schräglage zu gehen. In Zeitlupe wurde das graue Band der Leitplanke immer größer. Es schien sein gesamtes Blickfeld auszufüllen. Große Befestigungsnieten pulsierten in schnellem Rhythmus vorbei. Panik baute sich tief in ihm auf und kam wie eine Brandungswelle über ihn. Sein Helm dröhnte von einem Stöhnen, das er zwischen den zusammengebissenen Zähnen hervordrückte. Er hielt den Atem an, weil er im nächsten Moment den dumpfen Aufprall erwartete. Es wurde heller. Die Leitplanke wich zurück und die Kurve ging in eine gerade Beschleunigungsspur über. Axel atmete weiter. Soviel also zum Thema wildes, gefährliches Leben. Die Honda reichte allemal aus, um ihn zum Zimmergenossen von Kay zu machen. Er umkurvte den Verteilerkreis vorsichtig. Die erste Kurve des Wasserwerkswäldchens nahm er wie ein Fahrschüler. Bei der zweiten hatte er schon wieder Spaß. Die dritte und vierte durchwedelte er wie ein Slalomfahrer auf Skiern. Er war gespannt, wie die Z die Kurven nehmen würde.

Zuhause stellte er die Honda auf dem Bürgersteig ab. Er hatte keine Post und keinen Anruf auf dem Anrufbeantworter. Die Verandatür stand noch offen, er zog sich den Liegestuhl in die Sonne und blickte über die knospenden Pflanzen auf der Wiese. Karin Anger kam ihm in den Sinn. Ob sie bei diesem Wetter unterwegs war oder ob sie bei Jan Keimel am Krankenbett ausharrte? Vielleicht würde er sie in der nächsten Woche anrufen und eine gemeinsame Tour vorschlagen. Er war zwar kein Ersatz für diese Freundin namens Betty, aber zumindest konnten sie eine Ausfahrt zusammen machen. Vielleicht würde er dabei mehr über den Dark Rider erfahren.

Der Samstagnachmittag lag vor ihm. Ihm war langweilig und er hatte Hunger. In seiner Erinnerung durchsuchte er die tieferen Schichten des Einkaufswagens, aber da war nichts, worauf er spontan Appetit hatte. Ihm war nach ... einer Grillwurst. Womit beschäftigt sich normalerweise ein Kriminalkommissar an einem sonnigen Samstagnachmittag? Er besucht das Grillfest einer wahrscheinlich kriminellen Vereinigung. Ist doch logisch. Axel stand auf und suchte sein Spiegelbild im Glas der Verandatür. In der langweiligen Kombi und mit seinem spießigen Haarschnitt sah er wie der ideale Besucher eines Rockertreffens aus - und zwar wie derjenige, auf den alle einschlagen. Er holte seine Dienstwaffe, zog die Kombi auf und steckte sich die Walther vorne in die Unterhose. Mit viel Mühe bekam er die Kombi wieder zu. Er sah wieder in das Glas. So ging das nicht. Vor seinem Nabel drückten sich die Umrisse der Pistole wie ein großes Geschwür ab. Er versuchte es mit der linken Brusttasche, die rechte war schon von Handy und Brieftasche besetzt. Die Waffe war zu groß, der Griff ragte oben ein Stück heraus. Vielleicht ein wenig zu provokativ, fand er.

Also blieb nur das klassische Schulterhalfter. Er holte das steife Ding aus der Schublade der Schlafzimmerkommode und pellte den Oberkörper aus der Kombi. Das Leder des Gurts kniff ihn unter den Achseln. Er drückte mühsam die Pistole in das Holster. Die Kombi passte einigermaßen über den erweiterten Brustumfang, aber der Reißverschluss zerrte an dem neuen Engpass. Schließlich konnte er ihn bis oben hochziehen. Axel richtete sich gerade auf, ließ die Arme hängen und fixierte sich im Glas. „Zieh!", brüllte er sein Spiegelbild an. Seine Finger suchten nach dem Reißverschluss, zerrten ihn nach unten. Er verklemmte sich und riss ihm ein paar Brusthaare aus. Schließlich war er so weit geöffnet, dass Axel die Pistole zu fassen bekam. Er riss am Griff, aber die Waffe blieb im Holster. Nachdem er den Arm abgewinkelt und sich leicht vorgebeugt hatte, konnte er sie endlich mit zwei Fingern aus der Kombi ziehen. Axel hatte genug. Er würde ohne Dienstwaffe zu den Lucky Jokern gehen. Schließlich besuchte er sie in seiner Freizeit.

Als einzigen Schutz griff er sich beim Herausgehen eine besonders dunkle Sonnenbrille.

Den Campingplatz in Weiss fand er schnell, aber das Clubhaus der Lucky Joker war nicht zu sehen. Im ersten Gang umrundete er das Areal, schaute in Toreinfahrten und durch Gartenzäune. Er suchte nach exakt nebeneinander geparkten Harleys, schwarzem Leder, langen Haaren und lauter Musik. Erst nach der dritten Runde entdeckte er an der Einfahrt zu einem Schrottplatz ein Bündel Luftballons. Eine schwarze Schnur hielt die Ballons einen Meter über einem Stacheldrahtzaun fest, am Ende der Schnur hing eine Spielkarte. Der Wind drehte die Karte und Axel konnte einen bunten Joker erkennen. Im Schritttempo fuhr er auf das Gelände. Fahrspuren wiesen ihm den Weg um eine verschlossene Lagerhalle herum. Dahinter lag ein grob verputzter Flachbau mit einem hölzernen Vorbau. Ein paar Kombis und Mittelklassewagen parkten an einer Seite, mehrere Motorräder auf der anderen. Gartenbänke und Tische waren aufgestellt, Kinder und Hunde tobten um einen großen Schwenkgrill, an dem eine Gruppe Menschen stand. Aus Musikboxen drang Michael Jackson. Axel fuhr langsam an den Leuten vorbei zu den Motorrädern. Einige Harleys standen dort wie in einem Showroom hinter einer niedrigen

Absperrung, die anderen Maschinen waren zumeist japanische Softchopper, aber auch BMWs und Triumphs standen dazwischen. Axel stellte die Honda am Rand ab. Helm und Handschuhe legte er auf den Tank. Er holte die Sonnenbrille heraus und setzte sie auf. Dann schlenderte er zum Grill hinüber.

Viele der Männer dort trugen Jeans und schwarze T-Shirts mit großen Aufdrucken, einige hatten auch eine ärmellose Jeansweste darüber, aber die meisten sahen aus wie ganz normale Motorradfahrer. Unter den wenigen Frauen erkannte Axel die Kassiererin aus seinem Supermarkt. Sie sah zu ihm herüber und schien ihn zu erkennen. Er blickte weg, ohne eine Reaktion zu zeigen.

Ein kleiner Mann mit einem gepflegten Oberlippenbart trat ihm x-beinig entgegen. Er lächelte. Axel fand, dass das Lächeln irgendwie gequält aussah.

„Hi, Alter. Ich bin Pete. Willkommen bei den Lucky Jokern."

„Hallo, ich bin Ace."

Für einen Augenblick war Axel bei der Nennung seines Namens ins Stocken gekommen. Die dunklen Augen des Mannes registrierten es sofort.

„Ein Kumpel hat mir von eurem Grillfest erzählt. Er meinte, Gäste seien willkommen. Ich hoffe, das stimmt."

„Ja klar, Ace."

Der Blick des Mannes ließ ihn nicht los.

„Hier ist jeder willkommen. Da gibt's Bier und hier die Würste. Komm mit, ich besorge dir eine."

Pete drehte sich um und ging voran. Auf dem Rücken seiner Jeansweste stand in großen, im Halbkreis gesetzten Buchstaben *Lucky Joker MC* und darunter lachte ein schriller Spielkarten-Joker Axel ins Gesicht. Das Motiv hatte viele Details. Aus größerer Entfernung und in Bewegung war es bestimmt nicht leicht zu erkennen.

Pete stellte den Pappteller mit der Wurst auf einen der Stehtische und ging, um Bier zu holen. Axel wartete am Stehtisch. Ihm war unbehaglich. Hier war man ja fürsorglicher als bei einem Kindergeburtstag. Er blickte auf die Wurst. Sie sah perfekt aus und duftete lecker. Sein Magen knurrte. Was sagte der Knigge über das Wurstessen in Rockerkreisen? Konnte er einfach reinbeißen oder musste er auf Pete warten? Sein Magen entschied für ihn. Pete kam mit zwei Bier zurück, er lachte, und diesmal schien es echt zu sein.

„Du hast Kohldampf, Mann, das ist gut. Hau rein! Hier ist das Bier. Skol!"

Die beiden stießen an.

„Gut, die Wurst. Genau richtig. Ich habe heute eine Tour ins Bergische gemacht, daher der Appetit. Wart ihr in dieser Saison auch schon auf Tour?"

„Wir sind immer auf Tour, wenn du verstehst was ich meine."

Pete lachte über seinen eigenen Scherz.

„Was das Biken angeht, sehen wir das nicht so eng. Die Shovelheads da sind viel zu schön für die Straße, die wandern per Hänger zu Ausstellungen. Manche von uns fahren nur noch Auto. Die Familie will ja auch ihr Recht, weißt du? Ich fahre die große Wildstar da hinten."

Er zeigte auf eine Yamaha, die sich unter Einsatz von jeder Menge Zubehörteilen in einen überladenen Chopper verwandelt hatte. Axel stand die Überraschung ins Gesicht geschrieben.

„Wie, ihr fahrt nicht ausschließlich Harleys? Ich dachte, eine Harley gehört immer dazu ..."

„Na weißt du, selbst Sonny Barger, der Gründer der Hells Angels, hat gesagt, er würde sich heute nicht noch einmal für eine Harley entscheiden. Der Kram ist einfach viel zu teuer.

Für die anderen Marken gibt es auch viel mehr legale Teile. Du kriegst bei Louis schöne Chopper-Blinker mit E-Nummer. Hat es alles vor zehn Jahren nicht gegeben."

„Vor zehn Jahren war manches ganz anders, nicht wahr?"

Axel versuchte, einen möglichst neutralen Gesichtsausdruck zu behalten. Pete fixierte ihn wieder scharf.

„Was bist du denn für ein Oberschlauer? Wieso denke ich eigentlich die ganze Zeit, ich kenne dich?"

Innerhalb von Sekunden hatte sich Pete verändert. Plötzlich fand Axel, dass er viel zu dicht bei ihm stand.

„Keine Ahnung. Ich war noch nie hier. Worüber regst du dich auf? Ich meinte nur, dass sich die Technik ganz schön weiterentwickelt hat. Am Montag mache ich eine Probefahrt mit einer Z 1000. Vor zehn Jahren hätte es solch einen Motor nur auf der Rennstrecke gegeben. Ich habe sie bei AHS-Bike stehen sehen und kann der Idee einer Probefahrt nicht mehr widerstehen. Leo Nehls macht einfach gute Angebote."

Pete wusste nicht genau, was er von ihm halten sollte. Er blickte einmal an Axels Kombi herunter und musterte die Honda. Sein Blick blieb an den gepunkteten Handschuhen hängen. Offensichtlich beschloss er, dass er es mit einem harmlosen Idioten zu tun hatte.

„Ja, Leo Nehls ist ein gewiefter Bursche. Bei ihm bist du in besten Händen. Ok, Ace, ich muss mich auch um andere Gäste kümmern. Viel Spaß mit der Z. Fahr vorsichtig! Da kann ganz schnell etwas passieren."

Er kniff ein Auge zusammen und zog ab. Falls er ein Spielchen mit Axel spielte, machte er das sehr geschickt. Axel stellte sich für eine weitere Wurst an. Die Männer am Grill sahen wie normale Familienväter aus, wo ihre T-Shirts aufhörten, drängten sich aber alte Tattoos über die Arme bis zu den Händen. Sie beäugten ihn und verhielten sich neutral.

Als er zurückkam, stand ein bulliger Mensch in grauem Jogginganzug am Stehtisch und biss in eine Wurst. Axel grüßte. Der Mann knurrte zurück. Die beiden kauten eine Weile schweigsam, bis Axel es nicht mehr aushielt.

„Und was glaubst du, wie lange dauert es noch, bis sie den Dark Rider erwischen?"

Der Jogger richtete den Rest seiner Wurst auf ihn.

„Der Dark Rider", sagte er bestimmt und ließ ein paar Fettspritzer Richtung Axel fliegen, „der Dark Rider ist ein aufgeblasenes Arschloch. Der macht den ganzen Scheiß nur, um in die Zeitung zu kommen. Ein echter Biker ist der nicht. Es wurde Zeit, dass dem mal einer an den Karren fährt, sozusagen."

„Du meinst dieses Radarfoto im Express? Weil man ihn damit schnappen wird?"

Der Jogger sah ihn ungläubig an und wischte sich dabei die Hände an der Hose ab.

„Nein, das Foto meine ich nicht. Du bist nicht ganz im Bilde, oder?"

„Keine Ahnung. Anscheinend nicht. Wovon redest du denn?"

„Davon, dass der Dark Rider mit anderen kessen Wichtigtuern Wettrennen fährt und die armen Jungs anschließend tot zurückbleiben. Jeder Mofafahrer in dieser Stadt hat schon davon gehört."

Axel begutachtete den Mann vor sich. Vielleicht war er so unkontrolliert, dass er sich verplappern würde. Er beschloss, einen Volley abzugeben.

„Ich dachte, die toten Jungs hätten mit geklauten Teilen gehandelt und dafür einen auf die Schnauze bekommen."

Der Jogger pulte mit der Zunge in den Zähnen herum. Er ließ sich Zeit mit seiner Antwort.

„Schau mal, mein Junge, das hier ist ein Familienfest. Ich möchte nicht, dass mein Neffe mit ansehen muss, wie ich so einem Penner mit einer Beamten-Honda das Gesicht auf den Grill drücke. Warum fährst du nicht heim zu Mutter und machst dir einen Einlauf?"

Er sagte das beiläufig und mit einem milden Lächeln, aber Axel fand diesen Vorschlag spontan gut.

„Vielen Dank für die aufschlussreiche Antwort."

Diese kleine Provokation überzeugte nicht als Ehrenrettung, weil Axel sich gleichzeitig rückwärts zur Honda bewegte. Er zog sich Helm und Handschuhe über und schwang sich auf die Maschine. Der Jogger und Pete standen beieinander und schauten zu ihm herüber. Der Anlasser quälte den Motor, aber die Honda wollte nicht aufwachen. Axel verlor die Nerven. Er nahm den Daumen nicht vom Startknopf. Der Anlasser jaulte in den höchsten Tönen. Alle sahen zu ihm herüber, einige lachten. Endlich kam die Honda. Axel fuhr mit viel zu viel Gas vom Hof. Er brachte ein paar Kreuzungen hinter sich, bis er sich beruhigt hatte. Diese Familienväter in ihren Mittelklassewagen waren ja ganz schön bissig, wenn man sie ein wenig auf Trab brachte. Vielleicht war er aber auch einfach zu undiplomatisch gewesen.

Zuhause stellte Axel die Honda in die Garage. Bevor er ins Haus ging, holte er aus dem Wohnmobil den Straßenatlas, der neben dem Getränkehalter auf der Ablage lag. Axel hatte nur eine vage Vorstellung davon, wo dieses Trittscheid in der Eifel zu finden war und er wollte die Route so planen, dass die Nordschleife des Nürburgrings für eine Runde mit auf dem Weg lag.

Das Haus hatte die Hitze des Tages gespeichert, die restlichen Biere im Einkaufswagen waren lauwarm. Er trug sie ins Badezimmer, stapelte sie im Waschbecken und drehte den Wasserhahn auf. Nach einer Weile wurde das Wasser kälter, er ließ es weiter über die Flaschen laufen.

Auf der Veranda umrundete er die Salatschüssel und suchte im Radio nach einem Sender. Außer schlechtem Pop und Bundesligaberichten fand er nur einen Jazzsender. Normalerweise hörte er keinen Jazz, aber er ließ die melancholischen Saxofonmelodien laufen.

Axel zog die Stiefel aus. Im Liegestuhl sah er dem Schatten zu, wie er über die Wiese auf ihn zukroch. Das erste Bier war noch warm und schmeckte nicht. Im Einkaufswagen fand er eine Flasche Rotwein mit einer Golddraht-Umwicklung. Der Korkenzieher war natürlich mit Renate aus dem Haus verschwunden. Hatte er nicht einmal ein Taschenmesser mit verschiedenen Werkzeugen besessen? Er durchwühlte seine Werkzeugkiste in der Garage, fand das Taschenmesser aber nicht. Schließlich stellte er die Flasche auf den Garagenboden und drückte den Korken mit dem Griff eines Schraubenziehers hinein. Wein spritzte aus der Flasche. Die Tropfen glitzerten wie Blut auf dem Garagenboden. Axel nahm einen Schluck aus der Flasche und starrte die Honda an.

Er drehte auf dem Absatz um, durchquerte das Wohnzimmer, stellte die Flasche neben die Matratze und öffnete die Haustür. Barfuß fuhr er die Honda aus der Garage um den Vorgarten herum in die Diele. Diesmal gelang ihm die Kurve ins Wohnzimmer, ohne einen Fuß auf dem Boden abzustützen. Durch die offene Verandatür drang weiter leiser Jazz herein. Mit dem Rotwein in Griffweite legte er sich auf die Matratze. Er blätterte den Straßenatlas auf und fuhr mit dem Zeigefinger Straßen entlang. Die Dunkelheit kam schnell. An der Decke hing nur eine Glühbirne ohne Lampenschirm. Das grelle Deckenlicht würde nicht gut zu der Stimmung im Zimmer passen.

Er richtete sich auf und schaltete das Parklicht der Honda ein. Das Vorderrad war eingeschlagen, so dass der Scheinwerfer sein mildes Licht genau auf die Matratze warf. Axel nahm noch einen Schluck Rotwein. Er freute sich auf den Nürburgring.

21.

Bis es dunkel wurde, war es ihm gelungen, sich mit den Händen bis zur Suzuki zu schieben. Frankie war froh über den wütenden Schmerz, der dabei in seinen Beinen erwacht war. Seine Waden waren so geschwollen, dass sie von den Oberschenkeln wegzuragen schienen, aber er konnte die Zehen bewegen. Er hatte keine Ahnung, wie lange er für die zwei Meter bis zu der Maschine gebraucht hatte. Bei jedem Ruck waren ihm Tränen in die Augen geschossen und jetzt hatte er unglaubliche Kopfschmerzen. Die Suzuki lag auf der rechten Seite, Frankie lehnte sich gegen die Sitzbank. Neben dem kleinen Tankrucksack waren zwei tiefe Beulen in dem Tank. Er blickte auf seine Knie. Das konnte passen. Mit zitternden Fingern drehte er das Zündschloss auf *Off*. Er konnte kein Benzin riechen und er wusste, dass Benzintanks nicht wie in Hollywood-Filmen explodierten, aber auf dem ganzen Weg bis zur Maschine hatte er darüber nachgedacht, wie schnell er wohl vor Flammen davonkriechen konnte. Der Lenker hatte sich rechts tief in den Boden gedrückt. Der Tankrucksack mit dem *Black Rebel MC*-Aufkleber war halb abgerissen, der Reißverschluss endete im weichen Blätterbelag. Er bohrte mit einem Finger, bis er den Anfang fand, aber der Reißverschluss hatte sich verklemmt. Sein Schmerzensschrei hallte durch den Wald, als er mit aller Kraft an dem Reißverschluss zerrte. Ein kleiner Spalt tat sich auf und das Handy rutschte heraus. Er musste den Oberkörper weit abwinkeln, um es greifen zu können. Wie einen Schatz nahm er es in beide Hände. Das Display blieb dunkel, als er die

Tastensperre aufhob. Fluchend legte er das Handy in seinen Schoß. Er streckte sich wieder bis zum Zündschlüssel mit dem Suzuki-Anhänger und drehte ihn. Das grelle Licht des Scheinwerfers beleuchtete den Waldboden. Die Bäume ringsum warfen plötzlich bizarre Schatten. Er nahm das Handy wieder in die Hand. Das Display hatte einen Riss, aber die Anzeige war noch lesbar. Seine Finger zitterten wieder. Mit größter Konzentration gelang es ihm, *110* einzutippen. Er drückte auf die Wähltaste und hielt sich das flache Gerät ans Ohr. Mit zusammengepressten Augenlidern horchte er nach einem Kontakt, aber alles blieb still. Erschöpft ließ er das Handy fallen. Er zitterte in seiner schweren Lederjacke. Die Nacht war da. Jenseits des Lichtes war der Wald tiefschwarz. Eine atemlose Stille lag über allem. Er wollte die Batterie schonen, aber das Licht war tröstlich. Mit dem Rücken gegen die Suzuki gelehnt wurde Frankie ohnmächtig.

22.

Axel lag im dunklen Zimmer und fühlte sein Herz rasen. Er erinnerte sich nicht, wann er ins Bett gegangen war. Was hatte ihn gerade geweckt? Durch die offene Verandatür kam kühle Nachtluft herein. Langsam öffnete er die Augen. An der Zimmerdecke über ihm hing die kahle Glühbirne. Ohne den Kopf zu bewegen, blickte er aus den Augenwinkeln zur Veranda. Es war noch dunkel, aber das allererste Licht des Morgengrauens reichte aus, um eine Silhouette zu erkennen. Vor der Scheibe stand jemand. Der Gedanke breitete sich in seinem Kopf aus. Da stand jemand! Sein erster Impuls war es, aufzuspringen, aber er zwang sich, keine Bewegung zu machen. Plötzlich konnte er sehr klar denken. Der Eindringling würde mindestens fünf Schritte brauchen um im Zimmer zu stehen, drei weitere bis zu seiner Matratze. Die Walther lag im Schlafzimmer in der obersten Schublade der Kommode rechts unter zwei blauen Handtüchern. Er würde die Schublade mit beiden Händen aufziehen, mit der linken die Handtücher hochheben und mit der rechten den Griff der Walther umfassen. Das Durchladen und Entsichern konnte er seinem Unterbewusstsein überlassen, er hatte es unzählige Male geübt. Dann würde er mit der Waffe in der Hand im Schlafzimmer stehen, mit der Wand als Deckung, und den Angreifer erwarten. Die Silhouette am Fenster stand unbeweglich. Unter dem Adrenalin in seinem Blut spürte er die Müdigkeit. War er wirklich wach oder träumte er das alles? Der Schlaf streckte seine Hand nach ihm aus. Für den Bruchteil einer Sekunde schlief er mit offenen Augen. In seinem Blickfeld war Bewegung. Die Silhouette schob sich nach rechts. Er hörte ein lautes Knacken. Mit einer fließenden Bewegung sprang er auf und rannte nackt zur Schlafzimmertür. Mit einem Fuß blieb er an der Bettdecke hängen, strauchelte und knallte mit der rechten Schulter gegen den Türrahmen, rannte weiter. Die Kommode stand rechts an der Wand, er zog mit beiden Händen die Schublade auf. Die linke Hand krallte sich in die Handtücher und riss sie weg, die Walther wurde durch den Schwung halb herumgedreht. Er griff mit der rechten Hand nach ihr, musste den Arm verdrehen, um den Griff umfassen zu können. Ein scharfer Schmerz schoss ihm in die Schulter. Im Umdrehen lud er die Waffe durch und schob den Sicherungshebel zurück. Er lehnte sich an die Wand und lauschte. Ein leises schmatzendes Geräusch entfernte sich. Axel brauchte beide Hände, um die Walther gegen den Schmerz in der Schulter hochzuheben. Die Waffe vor sich ausgestreckt, durchquerte er das Wohnzimmer. Die Wiese war leer. Er machte einen Schritt auf die Veranda und starrte ins Dunkel. Auf dem Boden war eine dunkle Stelle, die schnell größer wurde. Seine Augen gewöhnten sich an das

Licht und er erkannte die zerbrochene Salatschüssel, um die sich das Altöl verteilte. Der dunkle Abdruck eines linken Fußes führte von der Lache weg zum Nachbargrundstück. Axel hielt die Walther weiter vor sich und folgte vorsichtig der Spur. Sie kreuzte die Wiese der Nachbarin und lief zur Schmalseite ihres Hauses. Eine Straßenlaterne beleuchtete die dunklen Bodenplatten dort, auf denen keine Abdrücke mehr zu erkennen waren. Axel horchte auf Schritte, konnte aber nicht ausmachen, in welche Richtung der Eindringling auf der Straße gelaufen sein mochte. In der Glasfront der Sparkasse auf der anderen Straßenseite sah er sich selbst nackt mit einer Pistole in der Hand vor dem Haus der Nachbarin stehen. Er zog es vor, in seine Wohnung zurückzukehren.

Den Rest der Nacht verbrachte er in ein Laken gewickelt im Liegestuhl. Die Walther ruhte gesichert in seinem Schoß. Er brauchte keinen Kaffee, um wach zu bleiben. Wer hatte ihn da besucht? Konnte die Kassiererin aus dem Supermarkt wissen, wer er war und wo er wohnte? Hatte Leo Nehls seinen Namen im Telefonbuch nachgeschlagen? Fanden unbekannte Mitglieder des Black Rebel MC oder gar der Dark Rider seine Fragerei bedrohlich? Axel massierte seine Schulter.

Hauptkommissar Behrend hatte ihn auf einen merkwürdigen Weg gebracht. Er machte keine ordentliche polizeiliche Ermittlungsarbeit, sondern stellte ohne konkrete Indizien Fragen, um Reaktionen zu provozieren. Dabei vermischte er persönliche Interessen mit dem Fall. Sein Bericht an Behrend würde bisher einen Ausflug ins Grüne, ein Verkaufsgespräch mit einem Motorradhändler und den Besuch bei einem Grillfest beschreiben. Aber der nächtliche Besucher bewies, dass er seinen Finger irgendwo in die richtige Wunde gelegt hatte.

Der Morgen kam mit einem roten Horizont. Gleichzeitig begannen dutzende Vögel rings um die Wiese zu singen. Der Tag war noch so still, dass er hören konnte, wie der Zeitungsbote auf der anderen Straßenseite einen Stapel Sonntags-Express in die an einen Laternenpfahl angekettete Verkaufsbox legte. Er mühte sich mit der schmerzenden Schulter aus dem Liegestuhl. Heute war er ein früher Vogel. Mal sehen, welchen Wurm er fangen würde.

Verwundert starrte er im Badezimmer auf die Bierflaschen im Waschbecken. Er drehte das Wasser ab und stellte die Flaschen auf den Boden. Jetzt waren sie kalt genug. Er wusch sich, zog die Kombi an und machte sich statt eines Biers einen Kaffee. Zu früh, um loszufahren. Durch das Fenster starrte er auf die Box mit dem Express. Normalerweise schlief er sonntags so lange, dass schon alle Exemplare verkauft waren, wenn er herüberwankte. Mit dem Glas Nescafé in der Hand verließ er das Haus. Kein Auto war unterwegs, aber die Glocken der Dorfkirche läuteten zur ersten Messe. Er quetschte eine Münze in den Schlitz und nahm ein Exemplar aus der Kiste. *Hat der Dark Rider drei Menschen auf dem Gewissen? Renn-Wahnsinn führt zu Unfällen* schrie ihm die Titelzeile entgegen. Da hatte wohl einer der vom Jogger erwähnten Mofafahrer dem Express einen Tipp gegeben. Er setzte den Kaffee auf der Box ab und blätterte die Zeitung auf. Das Aufmacherfoto war ein Standbild aus einem Videofilm. Die schwarze Hayabusa des Dark Riders klemmte zentimetergenau zwischen zwei Straßenbahnen, der Fahrer hob gerade eine Hand wie zum Gruß. Es wäre schon unangenehm, sich so eng zwischen zwei stehenden Straßenbahnen durchzuquetschen, aber das Foto war offensichtlich bei voller Fahrt entstanden. Axel schüttelte den Kopf. Wo hatte der Express bloß dieses Bild aufgetrieben? Am Ende des Artikels stand in kleinster Schriftgröße *Foto: Internet*. Wahrscheinlich kursierten Bilder von den Stunts des Dark Riders auf unzähligen Web-Seiten.

Der Bericht beschrieb das Asphaltfresser-Forum und zitierte Dialoge zwischen dem Dark Rider und den drei Verunglückten. Nirgends gab es einen Hinweis darauf, dass diese Dialoge nur der Phantasie des Schreibers entsprangen. Der hatte anschließend auch keine Antworten, sondern nur Fragen. *Was ist dann auf der einsamen Straße in der Eifel geschehen? Hat der Dark Rider dreimal zugeschlagen? Ist dieser Wahnsinnige ein Mörder?* Mit wenigen Worten beschrieb der Artikel die Unfälle bei Trittscheid. Die Black Rebels oder die Lucky Joker wurden mit keinem Wort erwähnt. Entweder wollte der Informant eine deutliche Spur legen oder er wusste nichts von den übrigen Verdachtsmomenten.

Axel nahm seinen Kaffee und spazierte zurück auf die Veranda. Behrend würde das nicht gefallen. Axels bisherige Erkenntnisse waren jetzt für eine positive Darstellung der Polizeiarbeit in der Öffentlichkeit wertlos geworden. Der Druck auf Behrend und Axel nahm zu. Falls Behrend diesen Fall bisher als eine Art bezahlten Urlaub für Axel verstanden hatte, musste er jetzt auch Erfolge nachweisen. Axel suchte sein Handy und hing es an das Ladegerät. Behrend würde ihn im Laufe des Vormittags bestimmt anrufen.

Wahrscheinlich lasen auch Mitglieder der Asphaltfresser gerade den Express. Ihnen konnte diese Erwähnung ihrer so privaten und freundschaftlichen Gemeinschaft nicht gefallen. Axel startete den Laptop. Das Forum der Asphaltfresser hatte mehr als fünfzig neue Beiträge. Die allermeisten waren von anonymen Gästen und alle beschimpften die Asphaltfresser und Motorradfahrer überhaupt. *Geschieht euch recht, dass ihr Verrückten euch gegenseitig zu Klump fahrt!*, lautete die Meinung, die dort größtenteils hinterlassen wurde. Niemand griff den Dark Rider selbst an. Auch wenn kein Kommentar dies so formulierte hatte Axel den Eindruck, der Mythos des Dark Riders sei von der Anschuldigung nicht erschüttert. *Der Dark Rider meint es ernst. Todernst. Das ist stark,* schrieb jemand, der sich den Namen Luzifer gegeben hatte.

Die Asphaltfresser selbst hielten sich zurück. Timm und Richie beschrieben das Treffen in Kürten für alle, die nicht dabei gewesen waren. Die Anwesenheit eines Kommissars wurde nicht erwähnt. Das Forum war im Moment kein privater Ort mehr, an dem man solche Details weitergeben konnte. Tom fragte einigermaßen besorgt nach Frankie. Er war eigentlich mit ihm verabredet gewesen, aber Frankie hat sich nicht mehr gemeldet. Richie beruhigte Tom.

Frankie wechselt schnell mal seine Pläne. Der hat irgendwo gefeiert und schläft sich aus, keine Sorge.

Axel wechselte in den Chat. Dort war niemand. Er wollte kontrollieren, ob Kay seine Wache ernst nahm, ohne ihn dabei zu verraten.

ACE: Kann der Rollstuhlfahrer mittlerweile alleine rauchen?, tippte er in das Feld und schickte die Nachricht los.

Es vergingen ein paar Sekunden, dann tauchte : *Nein, und das ist auch gut so,* unter seinem Satz auf.

ACE: Weiter so!, ermunterte er Kay. Natürlich konnte der das Forum nicht rund um die Uhr überwachen, aber es bestand zumindest die realistische Chance, dass er Aktivitäten des Dark Riders mitbekam.

Mittlerweile wurde es Zeit loszufahren. Am späten Vormittag würden die Familienausflüge am Nürburgring eintreffen und mit vollbesetzten Mittelklassewagen die Kurven blockieren. Axel verschloss die Verandatür. Das Altöl schimmerte fettig auf den Steinen. Er hätte Sand darauf schaufeln sollen, verschob dies aber auf später.

Der Straßenatlas lag neben der Matratze, darauf die Walther. Die Route hatte er im Kopf, aber nach der vergangenen

Nacht wollte er nicht mehr ohne seine Dienstwaffe losfahren. Das Schulterhalfter kniff wieder unter der Achsel. In all den Jahren hatte er sich nie an die Waffe am Körper gewöhnen können. Ihr Gewicht und sein Wissen, bewaffnet zu sein, verschob das Zentrum seiner Körperwahrnehmung. Er fühlte sich, als würde er mit leichter Schräglage gehen. Mit Rücksicht auf die Nachbarschaft startete er die Honda am Sonntag nicht im Haus, sondern schob sie bis vor die Tür. Helm und Handschuhe bereits angezogen, ließ er den Motor erwachen. In diesem Augenblick kam die Nachbarsfrau mit schnellen Schritten aus ihrem Haus auf ihn zu. Mit beiden Händen trug sie eine große Unterschale aus Ton. Axel hatte keine Lust, sich aufhalten zu lassen. Er rollte vor und schaute nach rechts, von wo kein Auto kam, dann nach links, dann sah er ihren dunkelbraunen linken Schuh neben einem hellbraunen rechten. Er stellte den Motor ab. Einen Augenblick sahen sich die beiden an, unschlüssig, wie es weitergehen sollte. Schließlich trat sie zu ihm.

„Herr Schröder, ich weiß nicht, was ich sagen soll. Es tut mir sehr leid. Das Alter ist eine Plage. Ich kann manchmal schlecht schlafen. Dann stehe ich auf und wandere herum. Andererseits bin ich immer noch so neugierig, wie ich schon als Kind war. Heute Nacht dachte ich mir, wie mag nur die Wohnung von Herrn Schröder aussehen, jetzt, wo die junge Frau weg ist. Was ich übrigens furchtbar finde, so einen netten Mann sitzen zu lassen. Ohne die Möbel und alles. Jedenfalls stand ich vor Ihrer Scheibe und wollte hineinsehen. Dann sind sie aufgesprungen und ich bin vor Schreck auf Ihre Blumenschale getreten, mit, ähm, mit dieser Creme drin. Es war mir so peinlich, dass ich erst mal schnell nach Hause lief. Können Sie mir verzeihen? Ich habe Ihnen eine neue Schale mitgebracht. Bei der Creme weiß ich nicht ... Was ist das überhaupt? Ich habe den ganzen

Morgen versucht, meinen Schuh wieder sauber zu bekommen. Und mein Fuß ist auch ganz braun ..."

Axel hatte Mühe, sie zu unterbrechen.

„Liebe Frau, hören Sie, alles halb so schlimm. Die Schale und die ... Creme sind völlig wertlos. Und erschreckt habe ich mich auch nicht."

Er lächelte sie an und sah, dass sie wusste, dass er log.

„Ich hoffe, Sie haben nicht gesehen, wie ich hinter Ihnen hergelaufen bin."

Ihr Gesicht zeigte keine Regung. Das konnte ein Ja und ein Nein bedeuten.

„Behalten Sie bitte Ihre Schale. In den nächsten Tagen lade ich Sie zu einem Kaffee bei mir ein, dann können Sie sich alles in Ruhe ansehen."

In seinem Kopf begann er schon, eine Einkaufsliste als Vorbereitung für diesen Besuch aufzustellen. Wahrscheinlich kein schlechter Anlass, um ihn endlich wieder auf ein zivilisiertes Niveau zu bringen.

„Ich muss jetzt leider los. Und wegen der Creme ..."

Er sah herunter auf ihre zweifarbigen Schuhe. Ihr linker Knöchel war olivbraun, als würde sie einen einzelnen Socken tragen.

„Vielleicht versuchen Sie es einmal mit Benzin als Reinigungsmittel. Einen schönen Tag!"

Er fuhr los. Das Stichwort Benzin erinnerte ihn an seine Panne von gestern. Lieber auf Nummer sicher gehen. Außerdem wollte er sich bei dem Tankwart beschweren. Der war aber nirgends zu sehen, als er unter die Muschel rollte. Eine junge Aushilfe kam, um den Zapfhahn in den Tank zu halten. Auch der grüne Geländewagen war verschwunden. Er fragte den Jungen nach dem Mann.

„Der Chef ist auf Jagd. Tut ihm gut. In letzter Zeit ist der mit den Nerven runter. Kein Wunder, bei dem Schicksalsschlag."

Axel nickte, als wüsste er, was gemeint war. So genau wollte er es gar nicht wissen. Ein perfekter Sommertag, Sonntag früh, die Straßen leer. Hit the Road, Ace! Er zahlte und gab Gas.

23.

Die Nacht war schlimm gewesen, aber jetzt am Tag wurde es unerträglich. Er hatte Hunger, einen quälenden Durst und Schmerzen, die beide Beine in eine rot funkelnde Masse verwandelten. Nachts hatte er anscheinend die Zündung wieder ausgeschaltet, denn der Schlüssel stand auf *Off*. Er fühlte sich schwach und fiebrig. Das Handy war auf den Waldboden neben ihn gerutscht. Das Display lag im milden Sonnenlicht, aber er konnte die Anzeige nicht erkennen. Der Griff nach dem kleinen Gerät erforderte eine gigantische Willensanstrengung von ihm. Mit aufgestützten Ellbogen hielt er es dicht vor seine Augen. Mühsam erkannte er, dass es immer noch keinen Empfang anzeigte. Die Arme sanken herab, das Handy rutschte in den Schoß.

Er schloss die Augen. Er war vollkommen verblüfft gewesen, als der Schatten neben ihm auftaucht war. Der Aufprall war so überraschend gekommen, dass wenig Zeit für Wahrnehmung geblieben war. Das letzte Bild, an das er sich vor seiner Landung im Wald erinnern konnte, sah wie das unscharfe Standfoto eines Videos aus. Das Vorderrad ging hoch und er schien zu einem langen Sprung anzusetzen. Motorgeräusche rissen ihn aus seinem Halbschlaf. Ein Auto kam die Straße entlanggefahren, schien langsamer zu werden, hielt dann an. Vielleicht fuhr jemand auf den kleinen Parkplatz, den er gestern im Vorbeifahren wahrgenommen hatte. Er biss die Zähne zusammen und langte zum Zündschlüssel. Die digitale Tachoanzeige startete und die Kontrolllämpchen leuchteten auf. Hastig glitt seine Hand den Lenker hoch bis zum Hupenknopf. Der schrille Ton ließ ihn zusammenfahren. Er hupte mehrfach kurz hintereinander, dann hielt er den Daumen auf dem Knopf, bis er es nicht mehr aushielt. Er sammelte seine Energie, um laut zu rufen. Das Auto fuhr an, bog um die Kurve und wurde leiser. Er war wieder allein auf der friedlichen Waldlichtung.

24.

Axel fuhr Richtung Brühl und am Phantasialand vorbei auf die Autobahn Richtung Bad Neuenahr. Er sinnierte über die vergangene Nacht. Dann war er also nicht von einem Rocker überfallen worden, sondern von einer schlaflosen Großmutter mit einem ölgetränkten Schuh. Vielleicht waren die Lucky Joker doch nicht so gewaltbereit, wie er gedachte hatte.

Ab und zu überholte ihn ein Motorrad, aber für Autofahrer war es noch zu früh. Bei Weilerswist fuhr eine BMW auf die Autobahn. Axel blieb eine Zeit lang hinter ihr. Der Fahrer trug einen Jethelm mit einer klassischen Uvexbrille und eine Marlon-Brando-Lederjacke. Er grinste zu Axel herüber und Axel grinste zurück. Die Marlon-Brando-Lederjacke erinnerte ihn an etwas, er kam nur nicht darauf, was es war. Bei der nächsten Ausfahrt winkte er dem BMW-Fahrer zu und bog ab.

In Altenahr fuhr er vorsichtig. Eine Mischung aus Kirchgängern und Zechern auf Weintour bewegte sich auf den Straßen. Kurz hinter der Ortschaft schlängelte sich die Straße an der Ahr entlang. Er gab der Honda die Sporen. Sie bewegte sich brav voran und schwang sich durch die weiten Kurven. Ab Adenau wurde klar, dass er keine einsame Fahrerei auf der Nordschleife erleben würde. Bei dem schönen Wetter waren viele Motorrad- und Autofahrer früh aufgestanden, um in Ruhe eine Runde drehen zu können. Als die Nürburg auftauchte, stieß Axel einen kleinen Jubelschrei aus. Lange nicht mehr hier gewesen! Die Anfahrt zum Zahlhäuschen an der Nordschleife endete in einem kleinen Stau. Axel entschied sich, zunächst ein Ticket für eine Runde zu kaufen. Er würde zwar in gut zehn Minuten zurück am Ausgangspunkt sein. Aber er wollte zunächst einmal testen, wie wohl er sich auf der Strecke fühlte und wie dicht der Verkehr war.

Er schlängelte die Honda durch das Zickzack der Leitplanken mit den Stacheldrahtaufbauten. Zunächst ließ er es langsam angehen, suchte eine entspannte Sitzposition und checkte, ob alles in Ordnung war. Auf der Bergabstrecke Richtung Hatzenbach blinkten viele der Autos vor ihm nach rechts und ließen ihn überholen. *Sonntagsfahrer!*, dachte er, doch ihm war klar, dass diese Beschreibung auch auf ihn zutraf. Die Links-Rechts-Kurven im Hatzenbach nahm er deshalb vorsichtig und langsam. Eine BMW bedränge ihn zwei Kurven lang im Rückspiegel, zog bei der ersten Gelegenheit wutschnaubend vorbei. Die nächste Kurve kam schnell, der BMW-Fahrer bremste stark und schaltete zweimal herunter. Das Hinterrad stempelte auf dem Asphalt, dann war die BMW durch die Kurve. Axel folgte in einigem Abstand. Er bemühte sich, schön und weich zu fahren. Auf dem Weg zum Flugplatz versuchte Axel sich zu erinnern, wie schnell er beim letzten Mal dort gewesen war. Ein Audi TT tauchte vor ihm auf und blieb zu schnell, um überholt zu werden. Axel zwang sich, nicht auf den Tacho zu sehen und das Fahren unabhängig von der Geschwindigkeit zu genießen. Am Schwedenkreuz wurde er es aber leid, im Windschatten zu fahren, schaltete herunter und zog mit viel Drehzahl am Audi vorbei. Die Rechtskurve am Aremberg nahm er viel zu früh und musste bremsen. Die Ideallinie war total versaut. „Blödmann, blöder!“, rief er sich selbst im Helm zu. Den Adenauer Forst passierte er sauber, aber behäbig. Was kam als Nächstes? Er erinnerte sich dunkel an eine langgezogene

Rechtskurve und dann war er auch schon drin, ließ die Honda in tiefer Schräglage, drückte sie sogar noch ein wenig nach unten, bis er im Augenwinkel Funkenflug von der Fußraste aufsteigen sah. „Yes, Sir!", lobte er sich selbst. Davon hätte er gerne ein Foto. Das Wort Foto ließ in seinem Kopf Kays Röntgenbild auftauchen. Ernüchtert ging er vom Gas. Jetzt bloß nicht größenwahnsinnig werden. Er war ein alter Wiedereinsteiger und kein junges Talent. Wehrseifen ging er wieder gelassen an. Das nervte einen großen Mercedes, der viel zu dicht an seinem Hinterrad blieb. Vor dem Bergwerk zog das Auto vorbei. Eine junge Frau saß am Steuer und ließ die schwere Limousine leicht driftend durch die Kurve ziehen. Kesselchen und Klostertal waren die reine Freude. Axel ignorierte weiterhin seine Geschwindigkeit, dafür nahm er die Pracht des sommerlichen Waldes um ihn herum wahr. Er verstand, warum der Nürburgring auch die Grüne Hölle genannt wurde. Plötzlich irritierten ihn rot-weiße Markierungen und eine Abzweigung nach links. Was war das noch mal? War die Strecke irgendwie verändert worden? Schon zwei Kurven weiter erinnerte er sich wieder: Die Abzweigung führte zum Caracciola-Karussell. Die überhöhte Kurve verlangte nach Geschwindigkeit, aber das Fahrwerk der Honda war zu weich für die Fahrbahnunebenheiten und die Fliehkräfte der Kurve. Die Vordergabel tauchte sehr weit ein und die Honda schlingerte kräftig. Er war froh, an der Hohen Acht vorbeizukommen, um noch einmal richtig Gas geben zu können. Der genaue Streckenverlauf war ihm wieder unklar, aber er wusste, dass er schon im letzten Viertel angekommen war. Sobald er sich den Abschnitten näherte, erinnerte er sich auch wieder an die Namen. Brünnchen und Pflanzengarten warteten mit perfekten Kurven auf ihn. Einmal noch wollte er es wissen. Er machte sich lang auf dem Tank und riss das Gas auf. Viel Zeit blieb ihm nicht, denn Start und Ziel kamen schnell näher.

Axel fuhr rechts ran. Er schaltete die Zündung aus und klappte das Visier hoch. Sollte er noch eine Runde fahren? Der Stau vor dem Zahlhäuschen war noch länger geworden. Eine Familie mit zwei Kleinkindern im Auto hatte gerade gezahlt. Der Wagen rollte langsam vor, während sich der Fahrer durchlöcherte Rallye-Handschuhe überstreifte. Dann gab er Gas, die Frau lehnte sich gottergeben in ihrem Beifahrersitz zurück. Axel startete die Honda. Er würde keine zweite Runde mehr fahren.

25.

Etwas Nasses war in seinem Gesicht. Mühsam öffnete er die Augen. Braune Hundeaugen sahen ihn an. Die rosa Zunge des Hundes glitt wieder über seine Wange. Er zuckte zurück, hob die Hände. Erst danach wurde ihm klar, dass er die Berührung als tröstlich empfunden hatte und dass der Hund sie auch so gemeint haben mochte. Seine Bewegung ließ das Tier zurückspringen. Es stand einen Meter von ihm entfernt und bellte ihn an. Ein schlanker, schwarzer, kurzhaariger Jagdhund oder so etwas Ähnliches. Mit Hunden kannte er sich nicht aus. Das Tier senkte die Vorderpfoten ein wenig zu Boden und forderte ihn zum Spielen auf. Der Schwanz peitschte freudig von einer Seite zur anderen. Trotz aller Schmerzen musste er lachen.

„Komm her, mein Guter!“, rief er. Seine Stimme war nicht mehr als ein Krächzen, aber der Hund kam vertrauensvoll näher. Er streckte eine Hand nach dem Kopf aus. Der Hund schnupperte, ließ sich dann streicheln. Mit zwei Fingern fuhr er unter das Halsband und zog den Hund näher an sich heran. Der winselte, stemmte vier Pfoten gegen den Boden, ließ es sich aber gefallen. Am Halsband klapperten drei Blechschilder. Er versuchte sie trotz der Bewegungen des Hundes zu erkennen. Auf einer sah er nur

Zahlen, auf der zweiten erkannte er das Wort Tollwut, auf der dritten stand in geschnörkelter Schrift *Cora*.

„Cora, du Süße!", sagte er heiser. Er ließ das Halsband los. Das Tier trat einen Schritt zurück und schnüffelte an der Suzuki. Seine Gedanken überschlugen sich. Wo war der Besitzer des Hundes? Er hörte keine knackenden Äste oder Schritte. Der Hund war vielleicht alleine unterwegs, aber er hatte auf jeden Fall ein Zuhause, für ein wild lebendes Tier war er zu gut gepflegt. Wie konnte Cora eine Botschaft überbringen? In dem Tankrucksack war nur eine Landkarte und kein Schreibgerät. Er holte seine Brieftasche heraus. Konnte er seinen Personalausweis unter das Halsband klemmen? Der Hund würde ihn nach wenigen Schritten verlieren. Er kannte den Inhalt seiner Brieftasche auswendig, aber dennoch durchwühlte er sie jetzt nach einer Briefklammer oder etwas Ähnlichem. Zwischen zwei Kreditkarten fand er einen Zahnstocher. Er zog den Personalausweis heraus und versuchte, mit dem Zahnstocher ein Loch in die Plastikhülle zu bohren. Beide Enden des Zahnstochers brachen schnell ab. Das würde nicht klappen. Der Hund entfernte sich immer mehr. Seine Entdeckung im Wald machte keine Anstalten, mit ihm zu spielen oder weiterzugehen und wurde langweilig. Frankie geriet in Panik. Sein Blick glitt über die Gegenstände in seiner Reichweite. An der Suzuki war alles fest verschraubt. Den Zündschlüssel wollte er nicht hergeben, aber der Suzuki-Anhänger daran hing an einem Schlüsselring. Schmerzenstränen schossen ihm wieder in die Augen, als er sich zum Zündschlüssel herüberlehnte und ihn abzog.

„Cora! Cora, mein Schatz, komm her!"

Er legte so viel zuckersüßen Liebreiz in seine Stimme, wie es ihm durch die Schmerzen möglich war. Der Hund kam interessiert näher. Seine Finger zitterten. Er klemmte seinen Daumennagel zwischen die überlappenden Drahtstücke des Schlüsselrings und schob das Loch im Kopf des Zündschlüssel dazwischen. Schnell drehte er den Schlüssel aus dem Ring. Er streckte die Hand nach dem Hund aus. Der kam zögernd noch ein wenig näher. Er streichelte ihn, um ihn zu beruhigen, zog ihn dann wieder am Halsband zu sich. Er musste diesmal mit beiden Händen zugreifen, was dem Tier unheimlich war. Es sträubte die Haare und knurrte leise.

„Cora meine Gute, mein Herzstück, du Schönste von allen!"

Er säuselte wie ein Idiot, während er versuchte, den Schlüsselring mit dem Anhänger über den Ring am Halsband zu zwängen. Der Hund verlor die Geduld. Er bewegte heftig den Kopf, zerrte mit aller Kraft und stieß dabei gegen das Knie des Mannes. Sein Daumennagel, im Schlüsselring eingeklemmt, knickte um. Der Mann spürte die Ohnmacht kommen, aber er hielt den Hund weiter am Halsband fest. Plötzlich wurde er wütend. Er schrie sich selbst und den Hund an.

„Du wirst jetzt nicht ohnmächtig, du Weichei. Und du machst Platz, Aus, Sitz, verdammt!"

Der Hund gehorchte und saß einen Augenblick still. Das reichte, um den Schlüsselring überzustreifen. Erschöpft ließ er los.

„Danke, Cora. Danke schön. Jetzt lauf nach Hause und sag Bescheid. Tu mir den Gefallen, ja? Du kriegst einen Riesenknochen von mir, ich schwöre."

Der Hund hörte ihm mit gespitzten Ohren zu. Er trollte sich, aber ohne eine feste Richtung und ohne sich zu beeilen. Frankie sah ihm nach und weinte.

26.

Axel parkte in der Altstadt von Daun vor einer Eisdiele. Die kleine Fußgängerzone war voller Passanten. Die Honda war im Weg, aber Axel ignorierte die missbilligenden Blicke der Dauner. Er legte den Helm auf einen Stuhl und streckte die Beine unter dem Tischchen aus. Die Eiskarte präsentierte unscharfe, fehlfarbene Fotos von Eisbechern, die allesamt krankheitserregend aussahen. Trotzdem bestellte er einen Schokobecher und einen Cappuccino, schließlich war es Zeit für das Mittagessen. Er kämpfte gerade mit dem tropfenden Sirup des Schokobechers, als eine Honda Transalp mit einem Mann und einer Frau in Tourenausrüstung neben seiner Honda einparkte. Die beiden verstauten ihre Klapphelme in den diversen Koffern der Transalp und setzten sich an den Nebentisch. Man nickte sich zu. Axel kombinierte weiter das kalte Eis mit dem heißen Cappuccino.

„Hast du sie gefunden?", fragte der Mann vom Nebentisch. Axel behielt den Eislöffel im Mund und guckte fragend.

„Ich nehme mal an, du suchst auch die Rennstrecke. Wir haben eine Stunde danach gesucht, aber nichts gefunden. Hast du einen Tipp?"

Axel war sprachlos. Er hoffte, es war anders gemeint, als er vermutete.

„Rennstrecke? Ihr meint die Strecke, auf der es die Unfälle gab?"

„Ja klar, genau die. Hörte sich gut an, in der Zeitung. Die Kurvenbeschreibung meine ich natürlich. Bergstrecke, schnelle Kurven. Schnell müssen die Kurven ja sein, sonst ..."

„Sonst wären die Unfälle nicht tödlich gewesen?"

Axel konnte immer noch nicht recht glauben, was er hörte.

„Na ja, also, ja. Ist doch logisch, oder? Hast du ein Problem damit?"

Der Mann sah ihn selbstbewusst an. Die Frau blickte währenddessen starr in die andere Richtung. Axel stand auf.

„Leider weiß ich auch nicht, wo das ist. Fragt doch mal beim Leichenbestatter hier im Ort. Vielleicht hat der einen Vorschlag."

Er ging nach drinnen, um zu bezahlen. Manche Leute würde er nie begreifen.

27.

Nach Trittscheid gelangte man über eine Abzweigung in Richtung der Eifelmaare. Falls der Tag sich noch ein wenig mehr aufheizte, würde er später in einem dieser tiefen Seen schwimmen gehen. Aber zunächst einmal musste auch er die Unfallstrecke finden. Das Ortsschild von Trittscheid führte ihn von der schmalen Landstraße nach rechts zu kleinen Häusern, die sich um wenige Sträßchen versammelten. Aus der Beschreibung in den Akten hatte er sich die Weiterfahrt über die Bergstraße gemerkt, aber jetzt schien das Dorf in einer Sackgasse zu liegen. Schließlich entdeckte er das Straßenschild Bergstraße fast am Ende des Ortes. Die kleine Straße machte einen Linksknick zwischen zwei Häusern und endete auf einer verschlammten Wiese. Das Haus links war ein nüchternes Bauernhaus mit gepflastertem Parkplatz davor, das Haus rechts hingegen glich eher dem Traum eines Städters von einem Häuschen auf dem Lande. Bunte Blumenbeete drängten sich überall, eine Veranda war mit Liegestühlen und Sonnenschirmen arrangiert und durch ein offenes Scheunentor sah er einen langen, mit weiß-blauem Porzellan gedeckten Tisch. Am Gartenzaun vor ihm stand eine Frau mit roten Haaren. Axel hielt an und schaltete den Motor ab. Er klappte das Visier hoch, um die Frau anzusprechen, aber sie kam ihm zuvor.

„Haben Sie sie gesehen?“

Axel starrte entgeistert. Was sollte er jetzt schon wieder entdeckt haben?

„Cora, haben Sie Cora gesehen?“

Axel war noch zu überrascht, um antworten zu können. Er schüttelte den Kopf.

„Ich dachte nur. Cora ist verrückt nach Motorradfahrern. Wenn wir spazieren gehen, rennt die denen immer minutenlang hinterher. Sie ist schon den ganzen Vormittag verschwunden."

Sie sah sein Gesicht und verstand.

„Cora ist eine Hündin. Heute sind hier schon so viele Motorradfahrer entlanggekommen, da dachte ich, Sie hätten sie gesehen."

„Das tut mir Leid, nein, ich habe keinen Hund gesehen. Ich suche aber nach einer Strecke, die hier losgehen soll. Einer Strecke mit vielen Kurven."

„Der Unfallstrecke, ich weiß. Langsam könnte ich hier einen Informationsstand aufmachen für all die Motorradfahrer, die danach suchen. Ich werde das schon den ganzen Morgen gefragt."

„Das ist haarsträubend. Auf der Strecke sind zwei Menschen gestorben. So etwas sollte man nicht besichtigen."

Er bemerkte ihren skeptischen Blick. Mühsam zerrte er seine Brieftasche aus der Kombi.

„Mich interessiert das beruflich. Ich bin von der Kripo Köln. Hier ist mein Ausweis. Ich ermittle in dem Fall."

Sie besah sich den Ausweis genau.

„Gut, dass Sie mir den Ausweis zeigen. Sonst hätte ich sie nämlich wie alle anderen auch Richtung Manderscheid geschickt. Da gibt es eine sehr schöne Straße auf einem Privatgrundstück. Am Ende wohnt der Gutsherr mit seiner Dogge und regt sich über jeden auf, der in seinem Hof wenden will. Das freut mich, weil ich weder den Gutsherrn noch diese Unfalltouristen leiden kann. Die Strecke, die Sie suchen, geht genau da hinter dem Haus los. Lassen Sie sich durch das Stück Wiese nicht irritieren, nach rechts geht die Straße ab. Der andere Ausweg aus dem Tal ist bei Wallenborn, auf der anderen Seite. Das finden Sie nur, wenn Sie darauf achten."

Sie trat einen Schritt zurück, zog das Tor auf und senkte den Blick.

„Jetzt komm schon rein, du Herumtreiber. Wir ruhen uns auf dem Bett ein wenig aus."

Axel blieb der Mund offen stehen. Mit leerem Blick sah er, wie sich ein Hund rechts von ihm auf das Grundstück drängte und hechelnd an der Frau hochsprang. Es dauerte einen Augenblick, bis er begriff.

„Sie meinten gerade Cora, nicht wahr?"

Diesmal blickte sie verwirrt.

„Ja klar, wen denn sonst? Was hast du denn da, Cora?"

Er sah ihr zu, wie sie ein kleines Blechstück vom Halsband des Hundes abzog.

„Ich sage ja, Cora ist ein Freund aller Motorradfahrer. Sehen Sie, da hat ihr jemand ein Andenken verehrt."

Sie reichte ihm einen Anhänger mit dem Suzuki-Logo. Axel sah auf das kleine gelbe Teil in seinem Handteller. Irgendwo in seinem Gedächtnis befand sich eine Erinnerung, zu der dieser Anhänger gehörte. Er hatte gerade keinen Zugang zu dieser Stelle und er wusste nicht, warum er dies tat, aber er nahm seinen Schlüssel und fummelte den Suzuki-Schlüsselanhänger an seinen Honda-Schlüssel. Die Frau hatte mittlerweile den Hund beruhigt und das Tor wieder geschlossen.

„Die Straße durch das Tal endet wieder hier, wenn Sie nicht bei Wallenborn herausfahren. Ich gehe da immer mit dem Hund spazieren."

„Sie haben ja von den Unfällen gehört. Ist Ihnen in dieser Zeit irgendetwas aufgefallen? Haben Sie die Verunglückten gesehen? Oder ein schwarzes Motorrad, dessen Fahrer ein dunkles Visier am Helm hatte?"

„Ich habe schon darüber nachgedacht. Bis heute sind hier noch nie Motorräder entlanggekommen, jedenfalls habe ich sie nicht gesehen. Die einzigen, die hier durchfahren, sind Bauern und Jäger. Und die fahren kein Motorrad."

„Wäre ja auch zu schön gewesen, eine Augenzeugin zu finden. Ich fahre mal los und gucke mir die Strecke an."

Axel zog die Handschuhe an und startete den Motor. Der Hund kam sofort aufgeregt angerannt. Die Frau hielt ihn am Halsband fest.

„Fahren Sie schon, sonst rennt Ihnen Cora bis nach Köln nach. Aber immer schön vorsichtig! Diese farbbespritzten Handschuhe sehen übrigens bescheuert aus. Gute Fahrt!"

Axel tippte mit zwei Fingern gegen den Helm und fuhr los. Direkt hinter der Scheune führte die schmale Straße den Hügel hoch in den Wald und traf dort auf eine breitere Straße. Axel bog nach rechts ab. Schon bald wurden die Kurven enger. Nach fünf Kehren, in denen Axel bis in den ersten Gang herunterschalten musste, war die Höhe erreicht. Danach kamen längere gerade Strecken bergab, die in leichten Kurven ausliefen. Axel war begeistert. Die verborgen liegende Straße erinnerte ihn an die Strecke der Tourist Trophy auf der Ile of Man. Wie auf einer Rennstrecke gab es keinen Gegenverkehr. Er schnitt die Kurven, ohne sie einsehen zu können und beschleunigte ohne Rücksicht auf ein Tempolimit. So schoss er kurz nach einer Linkskurve an einer unscheinbaren Einmündung vorbei. Er erinnerte sich an die Worte der Frau, bremste und fuhr zurück. Das Schild in Richtung Wallenborn war von einem Busch überwuchert. Direkt daneben lag ein kleiner Parkplatz an einem Wäldchen. Dies konnte der Unfallort sein. Er parkte die Honda und ging zu Fuß bis zum Scheitelpunkt der Kurve zurück. Das Wäldchen war von hier nicht zu sehen, aber die Kurve war nicht ungewöhnlich schwierig. Wie schnell musste man sein, um an ihrem Scheitelpunkt ein Problem zu bekommen und in das Wäldchen zu zielen? Er lief zurück zur Honda, fuhr weit genug hinter die Kurve, wendete und gab Vollgas. Die Honda warf sich nach vorne. Er schaltete so schnell es ging hoch, hielt den Motor auf hohen Drehzahlen. Der Tacho kletterte auf einhundertzwanzig, dann auf einhundertvierzig, aber Axel hielt das Gas weiter geöffnet. Die Kurve kam näher. Wenn er sie sich nicht gerade noch aus nächster Nähe angesehen hätte, würde er niemals mit dieser Geschwindigkeit auf die Kurve zuhalten. Ein letzter Blick auf den Tacho - einhundertfünfundfünfzig km/h - dann richtete er sich auf, bremste so stark er es sich traute, ließ die Bremsen wieder los und lenkte die Honda fast bis zum Fahrbahnrand nach rechts, um sie dort mit brutalem Druck umzulegen und nach links zu ziehen. Er schnitt die Kurve, bis auch links der Vorderreifen den Fahrbahnrand kurz berührte und Staub aufwirbelte. Jetzt schoss er in gerader Linie auf das Wäldchen am Parkplatz zu. Wenn er nun Gas geben würde, führte ihn diese Linie in zwei Herzschlägen gegen einen der knorrigen Bäume. Er ging vom Gas. Die Honda richtete sich auf und rollte am Parkplatz vorbei. Axel wendete wieder und stellte das Motorrad ab. Er nahm seinen Helm ab, legte ihn an den Fahrbahnrand und setze sich darauf. Die Kurve lag unschuldig hinter ihm. Wie viel schneller fuhr ein sportlicher Fahrer mit Adrenalin im Blut? Konnte er so schnell aus der Kurve kommen, dass nicht mehr genug Zeit für eine rettende Reaktion war? Axel fiel es schwer, sich dies vorzustellen. Aber die meisten Aktionen auf dem Video des Dark Riders waren ihm auch unvorstellbar haarsträubend vorgekommen, und doch hatte der sie siebzehn Minuten lang wiederholt. Axel schüttelte den Kopf. Das passte alles nicht richtig zusammen. Wenn die Verunglückten solche Teufelsfahrer wie der Dark Rider waren, weshalb sollten sie dann in dieser Kurve einen Fahrfehler machen? Wenn sie die Fähigkeit hatten, schneller zu fahren, konnten sie auch besser reagieren als er. Dies war keine unverzeihliche Kurve. Nur ein Selbstmörder musste hier verunglücken.

Oder jemand, der ermordet wurde. Er lief wieder zum Scheitel der Kurve und suchte sich die Stelle, an der er eben noch vorbeigerast war. Links hinter ihm war genug Platz für ein zweites Motorrad. Er streckte den linken Arm hinter sich aus, um die Position des zweiten Motorrads zu fixieren und ging auf der Ideallinie die Kurve entlang. Er zog seinen Arm auf gleiche Höhe und blieb stehen. Dies war der Punkt, an dem er sich spätestens aufgerichtet hatte. Er machte noch einen Schritt und bewegte den Arm weiter nach vorne. Der ausgestreckte Arm lag jetzt genau zwischen ihm und dem Kurvenausgang. Wenn ein zweites Motorrad innen an ihm vorbeizog, wurde es unabwendbar nach außen getragen und blockierte die Kurve. Es würde ihn an seinem Vorderrad berühren und in diesem entscheidenden Augenblick einen kleinen Schlenker verpassen. Mehr brauchte es nicht. Das Wäldchen wäre da, bevor er reagieren konnte.

Er setzte sich wieder auf den Helm. So konnte es gewesen sein. So konnte ein Unfall geschehen. Dreimal hintereinander war das allerdings kein Unfall mehr. Außerdem würde das zweite Motorrad höchstwahrscheinlich ebenfalls zu Sturz kommen.

Zum Schluss suchte er am Parkplatz nach Spuren. Aus der Akte wusste er, dass die Kollegen keine Tatortmarkierung hinterlassen hatten. Ein Motorrad würde beim Einschlag in dieses Wäldchen keine auffällige Schneise schlagen. Auf gut Glück lief er im Zickzack zwischen den Bäumen hindurch. Nirgends fand er abgebrochen Äste oder aufgewühlten Boden.

Er gab auf und fuhr weiter. Die Strecke blieb schnell und gerade. Am Stand der Sonne konnte er sehen, dass er einen Halbkreis gefahren war und sich langsam wieder zurück zum Ausgangspunkt bewegte. Voraus ging es wieder in die Höhe, graue Streifen der Straße schimmerten zwischen Bäumen den

Berg hoch. Eine letzte schnelle Kurve vor dem Aufstieg flog auf ihn zu. Er feierte sie mit einer mutigen Schräglage bis in den Wald hinein. Blitzschnell war das strahlende Sonnenlicht von den Baumwipfeln verdeckt. Für einen kurzen Moment sah er nicht deutlich, wo er hinfuhr. Im Augenwinkel nahm er einen zweiten Parkplatz am Waldrand wahr.

Wieder wendete er und fuhr die Kurve ein zweites Mal. Die Stelle ähnelte der ersten Kurve stark, nur dass sie diesmal in den dichten Wald führte und nicht nur ein vereinzeltes Wäldchen am Ende der Kurve wartete.

Er stellte die Honda auf dem Parkplatz ab und ging an den Straßenrand. Das Laubwerk in diesem Wald war sehr dicht. Nur zufällig erkannte er auf der anderen Straßenseite hinter einer grünen Blätterwand einen schmalen Weg, auf dem Spuren von grobstolligen Autoreifen in den Wald führten. Das dichte Laubwerk machte diese Kurve gefährlich. Wer mit vollem Risiko in sie hineinfuhr, war im entscheidenden Moment blind für den Kurvenverlauf. Er ging wieder bis zur Mitte der Kurve und stellte sich den Weg eines zweiten Motorrads vor. Hier war etwas weniger Platz als in der ersten Kurve, aber jemand wie der Dark Rider würde es wahrscheinlich wagen, kurz vor dem Parkplatz innen zu überholen. Er ging über den Parkplatz zum Waldrand und starrte auf die grüne Wand. Es hatte keinen Sinn, in diesem undurchdringlichen Buschwerk nach Unfallspuren zu suchen. Ohne die roten Unfallteile der Ducati und das Grün der Kawasaki und ohne die Schilderung der anonymen Anruferin hätte man hier überhaupt nichts gefunden.

Er zog Helm und Handschuhe an. Der Wald lag sehr still vor ihm. Es war hier so dunkel, dass er schon den Abend spürte. Ihm war ungemütlich. Er startete die Honda und fuhr bis zum Straßenrand. Dieser Rundkurs hatte zwei Zugänge, den über

Wallenborn und den über Trittscheid. Er entschied sich, so wie er gekommen war über Trittscheid nach Hause zu fahren. Als er um die nächste Kurve fuhr, meinte er hinter sich ein Hupen zu hören. Dann waren hier also doch Autos unterwegs. Axel hatte es plötzlich eilig. Er war hungrig.

28.

Frankie murmelte Flüche vor sich hin. Er war wieder ohnmächtig gewesen und hatte die Motorgeräusche erst gehört, als ein Motorrad auf dem Parkplatz anfuhr. Bis er die Zündung gedreht und wild auf den Hupenknopf gedrückt hatte, war das Motorengeräusch schon ein Stück weg. Mit pochendem Herzen drückte er weiter auf die Hupe bis er sicher war, dass der Motorradfahrer nicht zurückkam. Er saß aufrecht gegen die Suzuki gelehnt und fürchtete sich vor der Nacht. Frankie hatte seit dreißig Stunden nichts gegessen oder getrunken. Seine Beine waren so geschwollen, dass sich die Hose straff über das Fleisch spannte. Fliegen umsummten ihn. Er hatte Schüttelfrost und Fieber und seine Ohnmachtsanfälle waren unkontrollierbar. In seinem Kopf fühlte er sich ganz leicht und das machte ihm am meisten Angst. Er spürte, dass er nicht mehr lange wach bleiben würde. Um bei Bewusstsein zu bleiben begann er, sich jedes Detail seiner Lieblings-Pizza vorzustellen.

29.

Axel aß seine Pizza in Bad Münstereifel. Er hatte vergeblich nach einer Pizzeria mit Terrasse gesucht und sich dann schließlich unter einen Sonnenschirm von *Heinos Rathaus Café* gesetzt. Das Publikum war eine abenteuerliche Mischung aus Rentnern und Motorradfahrern. Die Gespräche an den Nebentischen hörten sich an, als sei ein medizinischer Fachkongress auf eine Versammlung von Ingenieuren gestoßen. Die eine Gruppe besprach in medizinischen Fremdwörtern alle Krankheiten dieser Welt, während die andere hauptsächlich Zahlen benutzte, um Tuningmethoden und technische Details auszutauschen. In der Kakophonie der Begriffe klangen regelmäßig die Wörter *Dark Rider* heraus, ab und zu hörte Axel auch empörte Geschichten über einen wütenden Gutsbesitzer mit einer Riesendogge.

Er hatte seine Pizza gerade verdrückt, als sich ein Konflikt anbahnte. Eine Busladung identisch aussehender silberhaariger Rentner war angekommen. Die grimmig schauende Gruppe mit ihren Umhängetaschen und Sommerhüten stand unentschlossen vor dem Café. Alle Tische auf der Veranda waren besetzt. Die älteren Gäste klammerten sich triumphierend an ihre Stühle, die jüngeren Motorradfahrer ignorierten die begehrlichen Blicke der Stehenden.

Axel stellte sich gerade vergnügt eine Massenschlägerei zwischen der Gruppe in Bequemschuhen und der in Motorradstiefeln vor, als hinter ihm Musik einsetzte und eine tiefe Männerstimme zu grölen begann. Entsetzt drehte Axel sich um. Er saß tatsächlich in Heinos Café. Der Sänger mit der Sonnenbrille stand mit einem Mikro in der einen Hand unter einer Lautsprecherbox. Mit der freien Hand forderte er seine Gäste zum Mitklatschen auf. Die silberne Fraktion gehorchte ihm bereitwillig. Gleichzeitig riefen alle Stiefelträger nach der Rechnung.

Es dauerte zwei quälende Lieder lang, bis Axel und die anderen gezahlt hatten, dann gehörte die Café-Terrasse den Rentnern. Als Axel auf der Honda aus Bad Münstereifel herausrollte, erklang hinter ihm immer noch das rhythmische Klatschen zum Humptata der Musik.

30.

Die Rückfahrt auf der Bundesstraße machte nicht mehr viel Spaß, zu viele Autos strebten zurück in die Stadt. Axel blickte skeptisch Motorradfahrern hinterher, die ihn und die Autos trotz Gegenverkehr überholten. Das Springen von Lücke zu Lücke erschien ihm wie die sicherste Methode, einen Rettungshubschrauber zum Einsatz zu bringen. Außerdem reagierte die Honda viel zu zäh auf seine Drehbewegungen am Gasgriff.

Über dem Himmel lag bereits zartes Abendrot, als er zuhause ankam. Die Fahrt ins Wohnzimmer war schon Routine. Axel schälte sich aus der Kombi. Hatte er jemals andere Kleidung getragen als diese Lederhaut? In Unterhosen und mit dem umgebundenen Schulterhalfter trug er sie auf die Veranda. Er hing die schlaffe Pelle zum Lüften über die Gartenlampe. Die Nachbarin stand am Fenster und winkte schüchtern. Er winkte zurück. Wahrscheinlich würde sie einen Lucky Joker entdecken, bevor der auch nur einen Fuß auf sein Grundstück setzen konnte.

Axel rief die Mailbox seines Handys ab. Das Display zeigte ihm, dass er drei Anrufe erhalten hatte. Die erste Nummer kannte er. Behrend hatte ihn kurz nach seiner Abfahrt am Morgen angerufen. „Schröder! Rückruf bitte!“, lautete die knappe Ansage. Axel wählte die gespeicherte Privatnummer seines Vorgesetzten. Er lauschte auf das Klingelzeichen und erinnerte sich an die Gartenparty, zu der Behrend ihn einmal eingeladen hatte. Damals hatte Axel ihm eine viel zu kleine Grillschürze geschenkt, auf der in rosa Buchstaben *Mamas Liebling* aufgedruckt war. Zu seiner Überraschung hatte sich Behrend in die Schürze gezwängt und sie den ganzen Abend mit viel Vergnügen getragen. Behrend konnte einen immer wieder verblüffen. Und das war gut so.

Bestimmt war Behrend auch jetzt mit seiner Familie draußen auf der Veranda des Reihenhauses. Axel ließ das Telefon klingeln, bis die atemlose Stimme des Hauptkommissars ertönte.

„N'Abend Chef, Schröder hier. Entschuldigen Sie die Störung, Sie hatten um Rückruf gebeten. Wahrscheinlich haben Sie den Sonntags-Express gelesen."

Der schwere Mann am anderen Ende der Leitung schnaubte hörbar.

„Allerdings! Ich würde sagen, das letzte halbe Jahr Öffentlichkeitsarbeit des Kölner Polizeipräsidenten ist heute Morgen wertlos geworden. Keine schöne Sache! Haben Sie etwas herausgefunden, das ich dem Polizeipräsidenten morgen früh zum Fraß hinwerfen kann? Oder muss ich ihm meinen eigenen Kopf in den Rachen legen?"

Axel fasste seine Erkenntnisse der letzten Tage kurz zusammen. Dabei wurde ihm klar, wie wenig er konkret herausgefunden hatte.

Behrend schwieg vielsagend. Er war offensichtlich derselben Meinung wie Axel.

„Schröder, Ihnen ist klar, dass wir jetzt einen deutlich erhöhten Fahndungsdruck haben, nicht wahr? Wir müssen eine Handlungsweise zeigen, die das Wort *Polizeitaktik* rechtfertigt. Ich weiß, dass Sie nicht zaubern können. Aber Ihre Ermittlungen in der Szene scheinen ja nur begrenzten Erfolg zu zeigen."

Behrend schwieg wieder. Im Hintergrund hörte Axel, wie ein Kind zu heulen begann. Dann erkannte er die Stimme von Behrends Frau.

„Theolein, die Koteletts brennen!"

Behrend reagierte sofort.

„Ich gebe Ihnen noch bis Mittwoch freie Hand, Schröder. Danach müssen wir größere Geschütze auffahren. Straßenkontrollen von Motorradfahrern, bis wir den verdammten Dark Rider haben. Ich will seinen Kopf! Zumindest jedenfalls auf der Titelseite des Express. Ich muss Schluss machen. Viel Glück, Schröder."

Axel horchte auf das Tuten des aufgelegten Telefons. *Theolein* also! Er stellte sich Behrend in der Grillschürze vor. Aber Theolein würde ihn bis Mittwoch vor dem Polizeipräsidenten in Schutz nehmen. Und dazu musste man schon ein ganzer Kerl sein.

Der zweite Anruf kam von Tom. Er machte sich Sorgen um Frankie.

„Ich habe alle Bekannten gefragt, aber seit Freitagabend hat ihn niemand mehr gesehen. Mir geht sein letzter Anruf durch den Kopf. *Ich habe etwas Wichtigeres vor,* oder so ähnlich hat er sich da ausgedrückt. Hoffentlich war er nicht so blöd, sich alleine mit dem Dark Rider zu treffen ..."

Der letzte Anruf begann mit Stille. Im Hintergrund konnte Axel die Geräusche vorbeifahrender Autos erkennen. Dann setzte eine unnatürlich hohe Stimme ein. Jemand quälte die Stimmbänder, um seine Stimme zu verstellen.

„Hören Sie, Kommissar Ace."

Für einen kurzen Moment wurde es wieder still. Axel erkannte, dass der Anrufer tief Luft holen musste, um mit der hohen Stimme weiterreden zu können.

„Der Dark Rider ist unschuldig."

Diesmal hörte Axel das Geräusch des Einatmens. Im Hintergrund beschleunigte ein Motorrad mit viel Gas.

„Jemand anderes versucht, ihm das anzuhängen."

Der Anrufer atmete ein, sagte aber nichts mehr. Vielleicht dachte er nach. Plötzlich sprach er, ohne ausreichend auf das Verstellen der Stimme zu achten. Diesmal war sie tiefer, aber immer noch ungewöhnlich hoch.

„Ich bin Biker. Ich würde niemals einen anderen Motorradfahrer gefährden."

Axel erstarrte. Das war der Dark Rider selbst! Irgendwie war seine Visitenkarte bis zu ihm vorgedrungen. In der hohen Stimme lag jetzt Verzweiflung.

„Sie müssen mir glauben. Der Dark Rider ist unschuldig!"

Axel war Polizist genug um zu wissen, dass er diesem Anruf keinerlei Bedeutung beimessen durfte. Gleichzeitig sagte ihm seine Intuition aus zwanzig Jahren Polizeiarbeit, dass der Anrufer die Wahrheit sagte. Er wünschte, er hätte mit ihm sprechen können.

Wieder war im Hintergrund ein Motorrad zu hören. Der Anruf kam nicht von irgendeiner Straße, sondern von einem Motorrad-Treffpunkt.

„Passen Sie gut auf, Kommissar. Der versucht das wieder. Vielleicht erwische ich ihn selbst."

Im Hintergrund hörte man eine Männerstimme. Es wurde abrupt aufgelegt.

Axel ließ Badewasser ein und stellte die Flasche Rotwein neben die Wanne. Er startete den Laptop und stellte das Internet-Filmchen wieder auf Dauerwiederholung. Sein Handy legte er auf den Wannenrand und stieg in das warme Wasser. Statt auf den Bildschirm starrte er aber gedankenversunken auf seine Zehen am Ende der Badewanne. Angenommen, der Anrufer war wirklich der Dark Rider und er hatte nicht bloß den Verdacht von sich ablenken wollen. Er konnte einschätzen, dass der Täter es wieder versuchen würde und er sah Chancen, dies zu verhindern. Also gab es irgendeine Verbindung zwischen dem Dark Rider und dem wirklichen Täter. Der Dark Rider bewegte sich offensichtlich im Umfeld der Asphaltfresser, denn Axel hatte seine Visitenkarte nur dort gestreut. Vielleicht war der wirkliche Täter also auch unter den Asphaltfressern zu finden. Vielleicht hatte er gestern mit Axel an einem Tisch gesessen. Axel ließ in seiner Erinnerung den Blick um den Tisch schweifen. So sympathisch die Asphaltfresser gewesen waren, keiner von ihnen war unverdächtig. Sollte er das Alibi von allen überprüfen lassen? Vielleicht konnte man mit Hilfe der Stimme auf seiner Mailbox auch herausfinden, welcher der Asphaltfresser der Dark Rider war. Axel langte zum Handy und rief seine Mailbox auf. Er lauschte mit geschlossenen Augen dem unbekannten Anrufer. Die hohe Stimme klang verzerrt und unnatürlich, aber auch aus irgendeinem anderen Grund merkwürdig. Axel hörte sich die Aufnahme ein weiteres Mal an. Er konnte nicht erkennen, was ihn so irritierte. Seufzend legte er das Handy zurück.

Er lag da und schaute auf die ruckelnden Bilder, bis das Wasser kalt wurde.

31.

Frankie lag zusammengesunken vor der Suzuki. Das Licht brannte, aber er nahm es nicht wahr. In seinem Kopf waren Bilder eines Schattens, der auftauchte und ihn zur Seite drängte. Er hatte keine Schmerzen mehr. Wo er war, gab es keine Schmerzen.

32.

Axel gähnte. Der Nescafé hatte ihn nicht richtig wach gemacht. Er saß im Liegestuhl auf der Veranda und blätterte im Express. Der Dark Rider war von einer Massenschlägerei in einer Disco auf Seite fünf verdrängt worden. Ein Artikel beschrieb das Video von der Fahrt um den Kölner Autobahnring. Der Autor zeigte sich entsetzt über den Wahnsinn und die Verantwortungslosigkeit des Dark Riders, erwähnte aber gleichzeitig die Internetadresse, bei der man das Video bestellen konnte. Ein spektakuläres Standbild neben dem Artikel füllte eine halbe Seite. Eine bessere Werbung für das Video konnte es nicht geben.

Axel begutachtete die Blumen und Sträucher im Garten. Seit gestern früh waren die Blüten wieder deutlich gewachsen. Das Naturidyll vor seinen Augen wurde durch den schillernden Ölfleck auf der Veranda getrübt. Mittlerweile war der größte Teil zwischen den Steinplatten versickert, der Rest hatte eine lederne Haut gebildet. Axel war gespannt, wie sich der Fleck im weiteren Verlauf des Jahres entwickeln würde.

Heute war Z-Tag. Der AHS-Bike-Laden öffnete um neun Uhr. Axel würde pünktlich da sein. Vorher wollte er aber nach neuesten Entwicklungen bei den Asphaltfressern sehen. Er startete den Laptop auf der Matratze liegend. Während der Computer hochfuhr, blickte er auf die Honda. Er erinnerte sich an viele schöne Fahrten mit ihr, bei denen sie ihn nie im Stich gelassen hatte und verspürte so etwas wie ein schlechtes Gewissen, weil er sich jetzt auf die Probefahrt freute. Aber vielleicht war es einfach Zeit für etwas Neues. Er musste grinsen: Genau das hatte Renate auch gesagt.

Im Forum waren die Beiträge anonymer Express-Leser stark zurückgegangen. Asphaltfresser berichteten von ihren Wochenend-Touren und von technischen Problemen. Tom fragte immer noch nach Frankie und seiner Suzuki, aber niemand hatte ihn gesehen. Im Chat herrschte Totenstille. Axel hatte ohnehin vorgehabt, Kay zu kontaktieren. Er nutzte die Gelegenheit.

ACE: Bist du da, lieber Gott?

: Was willst du, mein Sohn?

ACE: Mich hat gestern möglicherweise der Dark Rider an-

gerufen. Irgendeine Idee, wie er an meine Telefonnummer gekommen ist?

: Allerdings. Ich habe sie gestern im Chat verbreitet. Einige Asphaltfresser haben von deinem Besuch in Kürten gehört, sie wollten dich informieren können, falls ihnen etwas auffällt. Problem damit?

ACE: Nein. Wahrscheinlich eine gute Idee. Der Anrufer behauptet, der Dark Rider sei unschuldig. Und der wirkliche Täter würde weitermachen. Also, Ohren auf im Chat! O.K.?

: Gleiche Stelle, gleiche Welle. Bleibe auf Posten. Over and Out.

Axel sah auf die Uhr im Laptop. Zeit aufzubrechen. Eine schwarze Z wartete auf ihn. Er holte die Kombi von der Veranda. Sie war angenehm kühl und roch frühlingsfrisch. Die Walther ließ er in der Schublade. Als er die Honda vor dem Haus aufbockte schielte er zum Nachbargrundstück hinüber und natürlich lehnte die alte Dame im offenen Fenster. Sie hielt beide Daumen hoch und kniff ein Auge zu. Axel salutierte und startete die Honda. Mit hochgeklapptem Visier rollte er langsam durch den Ort. Vor den vier Kurven klappte er es herunter. Seine Kurventechnik hatte sich dank der beiden Touren am Wochenende verbessert. Ganz entspannt wedelte er durch die Schikanen. Auf der Fahrt über die Bonner Straße in die Südstadt gab er es auf, jeden entgegenkommenden Motorradfahrer zu grüßen, es wären zu viele gewesen. Offensichtlich waren wegen des schönen Wetters jetzt auch die Fahrer mit Saisonkennzeichen unterwegs. Vor Leo Nehls' Laden wimmelte es nur so von Motorrädern und Fahrern. Axel bekam Angst, ein anderer könnte die Z schon ausgeliehen haben, aber da stand sie mit einem roten Kennzeichen geschmückt genau vor dem Schaufenster. Mitten in der Scheibe sah Axel in Hüfthöhe ein kleines Loch, von dem sich Risse wie Sonnenstrahlen in alle Richtungen ausbreiteten. Zwei Glaser in grauen Kitteln setzten gerade von innen eine kleine Notscheibe gegen das Loch und verklebten die Scheiben mit Silikon. Leo Nehls trat aus dem Laden. Er war sichtbar schlecht gelaunt. Axel nickte ihm zu. Der Mann kam näher.

„Morgen, Kommissar. Wegen der Z, nicht wahr? Hab' ich mir gedacht. Ein Schild ist schon dran. Kommen Sie rein, ich mache die Papiere klar."

Axel blieb vor dem Loch stehen und ging in die Knie.

„Was ist denn hier passiert? Das sieht verdammt so aus, als hätte hier jemand reingeballert."

Leo Nehls stemmte die Hände in die Hüften.

„Geht das schon wieder los, Kommissar? Hier ist jemandem das Bike umgekippt und das Lenkerende mit Kellermann-Ochsenaugen dran in die Scheibe geknallt. Und sonst gar nix! Hier schießt niemand, ist das klar?"

Axel blickte aus der Hocke hoch.

„Herr Nehls, Sie müssen gelassener werden. Zu viel Aufregung ist schlecht für den Blutdruck. Haben Sie mal einen Bleistift zur Hand?"

Leo Nehls reichte ihm widerwillig einen Kuli. Axel steckte ihn in das Loch in der Scheibe und dreht ihn vorsichtig, bis er mit der Führung des Lochs richtig fluchtete. Dann stand er auf und ging ein paar Schritte zurück. Er fixierte den Kuli und veränderte seine Position.

Falls ein Schuss abgegeben worden war, dann war er von hier gekommen. Entweder hatte der Schütze auf dem Bürgersteig gehockt. Axel macht einen weiteren Schritt bis auf die Fahrbahn. Oder er hatte, was wahrscheinlicher war, hier in einem Auto gesessen und aus dem offenen Fenster geschossen. Er ging zurück zur Fensterscheibe und verlängerte die Linie, die der Kuli vorgab, bis in den Laden. Dort standen Roller aufgereiht vor einer Wand. Axel folgte Leo Nehls in den Laden. In der Reihe der Roller war genau in Fluchtlinie des Kulis eine Lücke, die Wand dahinter zeigte kein Einschussloch. Axel stellte sich vor Leo Nehls und zwang ihn, ihm in die Augen zu blikken.

„Stand hier nicht auch ein Roller? Wieso fehlt der jetzt?"

„Kommissar, Kommissar, Sie entwickeln einen echten Verfolgungswahn. Stellen Sie sich vor, manchmal verkaufe ich auch etwas. Zum Beispiel den Roller, der da stand. Ist das illegal?"

„Es ist illegal, aus einem fahrenden Auto eine Waffe abzufeuern, vielleicht sogar auf einen Menschen, der hinter einer Glasscheibe steht. Und es ist illegal, die Ermittlungen der Polizei zu behindern, Herr Nehls."

„Dann werde ich mich sofort an Sie wenden, falls mal jemand auf meinen Laden schießen sollte. Wollen Sie so lange hier warten oder lieber eine Probefahrt mit der Z machen?"

Leo Nehls ließ sich nicht in die Enge treiben. Zähneknirschend rückte Axel seinen Personalausweis heraus. Dafür erhielt er einen Schlüssel für die Z. Axel klemmte ihn an seinen Honda-Schlüssel mit dem gelben Anhänger. Leo Nehls sah ihm zu.

„So gefallen Sie mir schon besser, Kommissar. Kommen Sie, ich gebe Ihnen eine kleine Einführung."

Leo Nehls hatte sichtlich Spaß an der Situation. Er ließ Axel aufsitzen und die Zündung einschalten. Mit Brummen und Summen erwachte die Elektrik. Der Drehzahlmesser schlug einmal aus, dann leuchteten die Kontrollleuchten für Fahrtlicht und Leerlauf.

„So, Kommissar. Der Tank ist voll. Benzinhahn gibt's nicht. Dann kann man auch nix vergessen."

Er grinste Axel an. Hatte sich sein Ausfall vom Samstag schon herumgesprochen?

„Drücken, starten, fahren. Das kriegen Sie allein hin, oder?"

Axel nickte widerwillig. Er zog den Helm an und streifte die Handschuhe über. Leo Nehls legte ihm eine Hand auf den Unterarm.

„Und lassen Sie es langsam angehen. Das Gerät hat wesentlich mehr Leistung als Ihre Honda. Bei 11000 Umdrehungen ist Schluss. Viel Spaß. Bis spätestens in zwei Stunden!"

Axel schob die Kawasaki im Krebsgang auf die Straße. Er wollte losfahren, ohne die Blicke der anderen Motorradfahrer auf sich zu spüren. Sein linker Fuß suchte nach dem Schalthebel, fiel aber ins Leere. Er sah nach unten. Die Rasten waren viel weiter hinten als gewohnt, er musste den Fuß anders platzieren. Der Gang ging butterweich rein. Axel hielt den linken Fuß auf der Raste, gab verhalten Gas und ließ langsam die fremde Kupplung kommen. Sanft zog die Z los. Axel schaltete nach Gehör weiter hoch. Bald war er auf der Rheinuferstraße Richtung Süden.

Die Sitzposition war ihm vollkommen fremd. Er saß viel weiter nach vorne gebeugt als auf der Honda mit den nach hinten geschobenen Füßen. Einzig der einigermaßen breite Lenker erinnerte ihn an die Honda. Jedes Einlenken geschah sehr direkt und einfach. Die Kawasaki erschien ihm wesentlich kürzer und leichter als die CB.

Er hatte den Überblick verloren, in welchem Gang er war. Das Motorgeräusch hörte sich für ihn angemessen untertourig an. Wie schnell mochte er sein? Axel blickte auf den Tacho und kontrollierte die Drehzahl. Nur 3500 Umdrehungen? Wahrscheinlich war er schon im sechsten Gang. Wie schnell war er dann? Sein Blick viel auf die digitale Anzeige darunter. Neunzig km/h! Schockiert bremste er ab. Dieses Teufelsding schnurrte völlig unterfordert dahin und brachte ihn dabei unbemerkt um seinen Führerschein. Er schaltete einmal herunter. Die Drehzahl blieb zu niedrig. Er schaltete in den vierten, dann in den dritten Gang. Jetzt arbeitete der Motor mit 5000 Umdrehungen. Normalerweise würde er bei der Honda jetzt hochschalten, aber der Motor der Kawasaki schien solche Drehzahlen zu mögen.

Vor ihm wechselte eine Ampel auf Gelb. Mit der Honda hätte er sofort abgebremst. „Mal sehen, was die Z dazu meint", sagte er zu sich selbst und gab beherzt Gas. Die Kawasaki sprang auf und sprintete los. Der Motor drehte unaufhaltsam hoch. Es schien ihn nicht anzustrengen, sondern Spaß zu machen. Axel wiederum gefiel der ausdrucksstarke Sound, der dabei aus den vier Endtöpfen drang. Die Ampel flog vorbei, immer noch auf Gelb. Axel hielt das Gas und verglich seine Wahrnehmung mit der digitalen Anzeige. Der Drehzahlmesser zeigte knapp 6000 Umdrehungen und er war einhundert km/h schnell. Wieder bremste Axel überrascht ab.

Kaum zehn Minuten unterwegs, hatte ihn die Kawasaki zweimal dazu gebracht, schneller als erlaubt zu fahren. Das Teil verlangte eiserne Selbstdisziplin von seinem Fahrer. Er lenkte die Z in die langgezogene Kurve Richtung Autobahn. Sie legte sich leicht und bereitwillig in die Schräglage. Axel interessierte das Kurvenverhalten brennend, aber ihm kam ein Satz aus dem Testbericht in der Motorrad in den Sinn: *Richtig ins Zeug legt sich der Vierzylinder erst über 6000/min, darunter hält er sich dezent zurück.*

Wenn das gerade eben dezent war, dann wollte er dringend einmal dabei sein, wenn sich die Kawasaki ins Zeug legte. Axel umrundete den Verteilerkreis und bog auf die Autobahn ein. Er hatte kein Ziel, landete zufällig auf der Spur, die zur Rodenkirchener Autobahnbrücke führte. Der Verkehr war nicht dicht, schon bald hatte er sich auf der mittleren Spur Richtung Brücke eingefädelt. Sein Impuls, schnell hochzuschalten war stark, aber er blieb im vierten Gang und gab weiter Gas, bis der Drehzahlmesser knapp unter 6000 Umdrehungen stand. Der Fahrtwind drückte gegen den Oberkörper und richtete ihn bequem auf. Er fühlte sich wohl auf dem schmalen Sitzkissen. Seine Knie schmiegten sich eng an den Tank.

„Dann wollen wir mal sehen ...", sagte er laut zu sich selbst und gab Vollgas. Ein mächtiger Ruck ging durch seine Arme. Die Z schoss nach vorne. Seine Wahrnehmung wurde am Rand des Blickfeldes ein wenig unscharf. Die vier Zylinder der Kawasaki brüllten mittlerweile aus voller Kehle. Ein LKW, der eben noch weit vor ihm gewesen war, lag plötzlich als verwackelte Silhouette in seinem Rückspiegel. Der Wind schrie in sein Ohr und riss dabei wütend an seiner Kombi. Axel fand sich im Zentrum eines Energieausbruchs, der wie ein Naturereignis über ihn kam. Er schaltete hoch und zwang sich, auf den Tacho zu schauen. Die Zahl Zweihundert tanzte vor seinen Augen. Rechts und links in den Augenwinkeln pulsierte etwas Blaues. Er ging vom Gas. Die beiden Spiegel vibrierten etwas weniger und er konnte das Blau als das Blaulicht eines Streifenwagens erkennen, der hinter ihm herfuhr. Axel fluchte, bremste ab und setzte den Blinker. Er zog langsam auf den Seitenstreifen. Der Streifenwagen hinter ihm schien seiner Bereitschaft zur Zusammenarbeit nicht zu trauen, er überholte ihn haarsträubend knapp. Auf den letzten Metern, bevor beide zum Stehen kamen, ließ der Polizist am Steuer den Wagen schleudern und querstellen. Zwei Beamte sprangen heraus und rannten auf ihn zu, beide fummelten im Laufen an den Holstern ihrer Waffen. Axel konnte gerade noch den Seitenständer der Kawasaki ausklappen, dann waren die beiden bei ihm und zerrten ihn vom Motorrad. Mit einem Catchergriff rang ihn der größere zu

Boden und kniete sich auf seinen Rücken. Axel spürte den kalten Lauf einer Pistole in seinem Nacken. Jemand drehte ihm die Arme auf den Rücken. Axel brüllte vor Schmerz und Empörung. Der zweite Polizist setzte ihm daraufhin das Knie in den Nacken und drückte seinen Helm auf den Boden. Axel zwang sich, sich nicht mehr zu bewegen und ruhig zu atmen. Er spürte trotz der Handschuhe, wie sich Handschellen um seine Gelenke schlossen. Der Polizist über seinem Kopf begann zu sprechen.

„Haben wir dich, Bursche. Wir haben ihn, was, Kollege? Wir haben ihn. Wir haben ihn!"

Der Mann schien ziemlich aufgeregt. Jemand zerrte Axels Brieftasche aus der Kombi. Axel hörte das Geräusch eines Funkgeräts, dann sprach der Mann weiter.

„Zentrale von K achtzehn-fünf! Wir haben ihn. Zentrale! Wir h-h-haben ihn!"

Mittlerweile stotterte er vor Aufregung.

„Zentrale an K achtzehn-fünf! Wen habt ihr und was ist da los?"

„Dark Rider! Dark Rider! Wir haben ihn! Wir haben den Dark Rider. Schwarzes Motorrad, fast zweihundert km/h schnell, keinen Personalausweis dabei, das muss er sein, nicht wahr."

Axel rief in seinem Helm, aber der Mann auf ihm drückte weiter auf seinen Nacken.

„Leistet Widerstand. Bitte um Verstärkung. Wiederhole. Widerstand. Verstärkung. Wir haben ihn."

Aus dem Funkgerät kam unverständliches Geknirsche. Von weiter weg näherten sich mehrere Martinshörner. Das Knie blieb in seinem Nacken, bis die Motorgeräusche lauter geworden waren und sich Schritte näherten. Schließlich wurde Axel auf beiden Seiten untergehakt und auf die Beine gestellt. Zwei weitere Streifenwagen und ein Polizeimotorrad standen mit pulsierendem Blaulicht um ihn. Der Verkehr wurde um die rechte Spur herumgeleitet, aus den vorbeifahrenden Autos glotzen die Leute herüber. Über sich hörte Axel das Dröhnen eines Hubschraubers.

Zwei Polizisten hielten ihn links und rechts fest. Drei weitere traten jetzt näher. Einer davon trug eine froschgrüne Kombi. Axel erkannte den kleinen Kollegen aus der Kantine.

„Mach du das, Paul, du kennst dich mit Helmen aus", sagte der Mann an seinem linken Arm zu dem Motorrad-Polizisten. Paul fummelte an seinem Kinnriemen herum und schob ihm vorsichtig den Helm vom Kopf. Er trat zurück und hängte den Helm an den Spiegel der Z. Die Kawasaki lief immer noch.

„Darf ich vorstellen, das ist Kommissar Axel Schröder von der Mordkommission. Der ermittelt quasi Undercover gegen den Dark Rider. Dabei ist anscheinend etwas schiefgegangen, wenn ich das richtig sehe."

Es vergingen ein paar Minuten, bis sich alle Anwesenden von seiner Identität überzeugt hatten. Ihm wurden die Handschellen abgenommen, die beiden Polizisten entschuldigten sich. Axels Zorn hatte sich in totalen Gleichmut verwandelt. In der letzten Viertelstunde waren seine Sinneseindrücke ein wenig zu heftig gewesen, jetzt legte sich wie ein Kater innere Leere über alles. Er nickte den beiden Beamten zu, sie ließen ihn in Ruhe. Axel schaltete endlich die Kawasaki aus. Er ordnete die Papiere in seiner Brieftasche, die von den Polizisten grob auseinandergerissen worden waren. Der Verkehr floss wieder auf der rechten Spur, nach und nach fuhren die Streifenwagen weiter. Nur Paul und seine BMW blieben noch bei ihm.

Axel steckte gerade die Brieftasche zurück in die Kombi, als sein Handy klingelte. Er holte es aus der Tasche und drückte auf Empfang.

„Kommissar, hier ist Kay. Wheelie, dieser Idiot. Er ist losgefahren. Wahrscheinlich ist er der einzige Mensch auf dieser Welt, der sich noch darauf einlassen würde."

Axel wusste sofort, wovon die Rede war.

„Wenn er schneller als der Dark Rider ist, lacht niemand mehr über ihn. Wann und wo wollen die beiden sich treffen?"

„Natürlich um zwölf Uhr Mittags. An der gleichen Stelle bei Trittscheid. Der Dark Rider hat Wheelie die Anfahrt über Wallenborn erklärt. Der ist sofort losgefahren, um ein paar Trainingsrunden zu drehen."

Axel sah hoch zu Paul, der gerade seine BMW startete und winkte ihm zu warten.

„Kay, hören Sie zu. Ich fahre sofort los, aber bis zwölf Uhr wird das knapp. Außerdem ist die Strecke zu lang, um sie komplett zu überblicken. Setzen Sie deshalb die Meldung sofort ins Forum. Jeder, der nah genug dran ist, soll hinfahren und versuchen, den Dark Rider zu stoppen. Wenn Sie Telefonnummern haben, dann rufen Sie auch Leute an. Machen Sie schnell! Wheelie hat keine Chance gegen den Dark Rider!"

Kay versprach, sofort aktiv zu werden und legte auf. Axel verstaute sein Handy wieder. Paul war zu ihm getreten. Axel erklärte ihm in knappen Worten die Situation.

„Werfen Sie das Blaulicht an und bringen Sie uns so schnell es geht in die Eifel. Melden Sie uns über Funk bei den Kollegen in Daun an, sie sollen Streifenwagen in die Gegend schicken. Ob Lucky Joker, Dark Rider oder jemand, der sich für den Dark Rider ausgibt: Wir suchen nach jemandem, der sich in der Nähe einer schwarzen Fazer mit Kölner Kennzeichen herumtreibt."

Paul schien der Einsatz zu gefallen. Er ließ das Blaulicht rotieren, während er Axel auf der Autobahn Richtung Bonn vorausfuhr. Die BMW gab alles, was sie hatte, aber Axel merkte schnell, dass die Z mit den knapp einhundertachtzig km/h auf dem Tacho nicht ausgelastet war. Ein kurzes Gasaufreißen brachte ihn vor Paul. Er blinkte rechts und fuhr auf den Standstreifen. Paul hielt mit quietschenden Reifen neben ihm.

„Die BMW ist nicht schnell genug. Ich fahre alleine vor. Lassen Sie sich über Funk den Weg nach Wallenborn erklären und dann die Abbiegung nach Trittscheid. Irgendwo auf diesem Stück müssten Sie mich dann finden, hoffentlich nicht neben einem Unfallopfer."

Paul nickte. Axel legte den ersten Gang ein und drehte sich um. Die Spur hinter ihm war frei. Er blickte nach vorne. Normalerweise fand er Ampelstarts testosteronverseuchter Jugendlicher ziemlich bescheuert, aber diesmal freute er sich darauf. Er drehte das Gas auf und ließ die Kupplung springen.

33.

Viel war nicht mehr von ihm übrig. Er würde noch ein paar Stunden so liegen, mit matt schlagendem Herzen, bevor ihn endgültig Dunkelheit umgab. Frankies Finger lagen auf dem Hupknopf. Er wartete auf ein Motorgeräusch. Noch hatte er nicht aufgegeben.

34.

10:12 Uhr
Tom hatte beim Online-Banking eine Überweisung losgeschickt. Aus alter Gewohnheit klinkte er sich noch einmal bei den Asphaltfressern ein. Ungewohnte Riesenbuchstaben sprangen ihm ins Auge.

An alle! Wheelie hat sich vom Dark Rider ködern lassen! Heute zwölf Uhr Rennen bei Trittscheid. Wer rechtzeitig dort sein kann: Hinfahren und den Dark Rider stoppen!

Tom sprang auf. Im Gehen zog er die Jacke an, stieg an der

Tür in die Cross-Stiefel, riss den Helm vom Haken und sprang die Treppe herunter. Die XT stand auf der anderen Straßenseite an einem Laternenpfahl, hinter ihr überragte der Dom die Häuser des Viertels. Er setzte den Helm auf und zog die Handschuhe an. Zündung an, Benzinhahn auf. Mit leichtem Druck suchte der rechte Fuß auf dem Kickstarter den oberen Totpunkt. So, jetzt ging es um die Wurst. Mit der Wucht eines Presslufthammers trat er den Kickstarter nach unten. Die XT sprang an, als könnte sie gar nicht anders. Tom legte den ersten Gang ein.

Der schnellste Weg zur Autobahn führte über die Nord-Süd-Fahrt. Nach rechts ging es durch das Altstadtgewirr in einem weiten Bogen zur Nord-Süd-Fahrt. Links war die Domplatte und der direkte Weg dorthin. Tom gab Gas. Der Tag war gekommen. Die Passanten guckten empört, als er mit leichtem Slide auf die steinerne Domplatte einbog, die den Dom komplett umgab. Touristen standen in Gruppen herum und legten die Köpfe in den Nacken, um die Spitzen der beiden Kirchtürme erkennen zu können. Tom fegte zwischen ihnen durch, auf dem Weg zu der großen Steintreppe, die zur Straße hinabführte. Am Fuß der Treppe war Platz genug. Er gab Vollgas und stellte sich in die Rasten. Die erste Treppenstufe flog auf ihn zu. Er nahm das Gewicht leicht nach hinten und hob ab. Die XT segelte an der Silhouette des Doms vorbei durch die Luft. Tom fiel ein, dass er den Computer nicht ausgeschaltet hatte.

10:14 Uhr

„Hier Richie ... Ja, ich bin auf Arbeit. In Brühl, weißt du doch. Was?! Dieser Spinner! Du hast Recht. Alles klar, bin unterwegs."

Richie steckte sein Handy wieder ein. Im Gehen rief er über die Schulter.

„Kollegen, ich muss dringend los. Familienangelegenheit. Meine Oma liegt im Sterben."

Er stürmte in den kleinen Vorraum, riss seine Kombi vom Kleiderhaken und rüttelte an der Toilettentür.

„Besetzt!", drang dumpf von innen durch die Tür. Richie schmiss die Kombi auf den Boden und begann, seinen Boss-Anzug auszuziehen. Als er in der Unterhose dastand, erinnerte er sich daran, dass er in einem Großraumbüro arbeitete. Er sah in die erstaunten Augen der Kollegen seiner Abteilung.

„Mahlzeit!", rief er mit einem entwaffnenden Lächeln in den Raum und schlüpfte in die Kombi. Den Anzug ließ er liegen, als er wenig später aus dem Gebäude stürmte.

10:16 Uhr
Don konnte sein Handy nicht hören, aber er spürte den Vibrationsalarm in der Brusttasche über seinem Herzen. Er erwartete keinen dringenden Anruf. Aus einem unerklärlichen Gefühl heraus entschied er sich, den Anruf abzuhören. Direkt vor ihm tauchte eine Raststätte auf. Er wechselte in die rechte Spur, ging vom Gas und ließ die Gixxer ausrollen. Die dünnen Rennhandschuhe konnte er anlassen, als er den Helm auszog und seine Mailbox abhörte. Er saß eine Weile unbeweglich, einen Zeigefinger in ein Ohr gepresst, am anderen Ohr das Handy. Dann bewegte er sich sehr schnell. Der Helm rutschte auf seinen Kopf, die Suzuki sprang an. Das Vorderrad kam hoch, als er auf der Spur vor der Tankstelle voll beschleunigte.

10:45 Uhr
Das Stück Autobahn von Bonn zum Meckenheimer Kreuz war wenig befahren. Axel klammerte sich an die Z. Er war im sechsten Gang und er gab Vollgas. Der Wind drückte ihm seinen Helm mit der Kraft eines Gorillas in den Nacken. Der Tacho

zeigte in verwackelten Ziffern die Zahl zweihundertzwanzig, aber die Z legte immer noch zu. Axel beobachtete, wie die Zahl langsam weiter nach oben kletterte. Zweihundertdreißig ... zweihundertsechsunddreißig ... Lange hielt er das nicht mehr aus. Die Z war ein Naked Bike und er wusste, was das bedeutete. Man konnte sich bei dieser Geschwindigkeit ohne eine Verkleidung verdammt nackt fühlen.

Um ihn herum waren nur noch unscharfe Strukturen, in denen er das graue Asphaltband erkennen konnte. Er blickte noch einmal auf den Tacho. Irgendwas um zweihundertvierzig km/h. Die Anzeige des Drehzahlmessers war jetzt ganz weit oben. 10800 Umdrehungen pro Sekunde! Dies war nicht die vorgeschrieben Art und Weise, einen neuen Motor einzufahren. Auf jeden Fall machte er eine wirklich intensive Probefahrt.

10:50 Uhr

Richie sah es kommen. Der Audi war so schnell unterwegs, dass kaum Zeit zum Ausweichen blieb. Zum Glück hatte Richie ein paar Augenblicke vorher in den Rückspiegel gesehen und instinktiv auf die mittlere Spur gelenkt. Die silberne Karosse des Audis schoss an ihm vorbei, als wollte er den BMW vor sich rammen. Der BMW-Fahrer dachte anscheinend dasselbe und riss das Steuer nach rechts. Im letzten Augenblick wurde ihm klar, dass da noch ein Volvo mit zwei Fahrrädern auf dem Dach fuhr. Der BMW bremste voll und kam ins Schleudern, der Audi knallte in ihn hinein, beide tanzten einmal umeinander, bis sie den Volvo in die Mitte nahmen. Richie sah all das in der Sekunde, in der er mit einhundertsechzig Kilometern in der Stunde auf die drehenden Blechhaufen zufuhr. Schließlich traf eine Gruppe von Gehirnzellen in seinem Kopf eine Entscheidung und veranlasste, dass sich sein Körpergewicht leicht nach rechts verschob und die Buell in einem perfekten Schwung über die Standspur um die drehenden Autos herumwedelte. Richie sah im Rückspiegel, wie sich ein Berg von Autos auftürmte. Er hatte keine Zeit gehabt, sich zu erschrecken. Er war noch nicht einmal vom Gas gegangen.

10:59 Uhr
Tom stellte sich bei einhundertzwanzig km/h in die Fußrasten. Vor sich sah er das Ende eines Staus und weiter vorne, kurz vor einer Kurve, den Grund dafür. Mehrere Autos waren ineinander verkeilt, die gesamte Fahrbahn gesperrt. Er ließ den Gasgriff los. Die XT verlangsamte schlagartig ihre Fahrt. Herr im Himmel! Die XT war flügellahm unterwegs und nun auch noch dies! Er erreichte das Stauende. Autofahrer vor ihm waren ausgestiegen. Sie lehnten an den offenen Fahrertüren und telefonierten. Das konnte lange dauern, länger als Tom und Wheelie Zeit hatten. Rechts neben der Autobahn lag ein frisch gepflügtes Feld. Weit dahinter blitzte ein Kirchturm in der Sonne. Dort gab es ein Dorf, also eine Straße. Tom lenkte die XT über den Seitenstreifen zur Böschung. In bester Trialhaltung ließ er die XT die steile Böschung hinabrollen. Auf dem Feld gab er Gas. Im Rückspiegel sah Tom Lehmklumpen davonspritzen, als er mit ausbrechendem Hinterrad quer über den Acker jagte.

11:00 Uhr
Don blickte kurz auf die digitale Uhr im Cockpit. Es war genau elf Uhr. Er konnte es schaffen. Purer Zufall, dass er nicht schon hinter dem Koblenzer Kreuz gewesen war, als er den Anruf erhielt. Jetzt flog gerade die Ausfahrt Mayen vorbei. Wenn bloß diese Lieferwagen nicht wären! Gerade zog wieder ein neuer Transit vor ihm mit Bleifuß an Kleinwagen vorbei und blieb

dabei stur auf der linken Spur. Don dachte an Wheelie. Was für ein Spinner! Trotzdem mochten ihn alle gerne. Don gab Gas und lenkte auf der weißen Linie vor den Leitplanken links an dem Lieferwagen vorbei. *Lass mich durch!*, dachte er. *Ich reise im Auftrag des Herrn!*

11:21 Uhr
Die Nürburg leuchtete im vollen Sonnenlicht. Axel preschte an der Auffahrt zur Nordschleife vorbei, wo er erst gestern in der Schlange gewartet hatte. Heute hatte er keinen Blick für die freie Strecke. Die große Uhr an der Boxenstraße zeigte 11:21 Uhr. Noch gut fünfzig Kilometer Landstraße bis zum wahrscheinlichen Treffpunkt von Wheelie und dem Dark Rider. Das wurde knapp. Axel entschloss sich, die versteckte Zufahrt über Trittscheid zu nehmen.

11:22 Uhr
Tom gab alles. Er konnte die Kurve gut einsehen, also ging er nicht vom Gas. Mit hundertdreißig km/h überfuhr er die durchgezogene weiße Linie in der Mitte der Straße und ließ sich bis auf die Gegenspur tragen. Voraus war immer noch alles frei und sicher. Aus Gewohnheit schaute er kurz in den Rückspiegel. Flackerndes Blaulicht wurde darin schnell größer. Ach du Scheiße! Das war's dann wohl mit der Rettungsaktion von Wheelie, vielleicht sogar mit seinem Führerschein und dieser Motorrad-Saison. Tom lenkte zurück auf seine Spur und fuhr zum Fahrbahnrand. Sollte er überhaupt versuchen, dem Polizisten die Situation zu erklären? *Wissen Sie, Herr Wachtmeister, ich musste so schnell fahren, um meinen Kumpel vor dem sicheren Tod zu retten!* Der Mann hatte bestimmt schon glaubwürdigere Entschuldigungen gehört. In diesem Moment zog das Blaulicht an ihm vorüber. Ein kleiner, runder Polizist auf

einer BMW sägte mit mehr als einhundertfünfzig km/h an ihm vorbei und würdigte ihn keines Blickes. Tom fuhr ungläubig weiter. Hatte er eine Erscheinung gehabt? Er gab wieder Gas. Mal sehen, ob er ihn einholen konnte.

11:35 Uhr
Die Wände des Tals schickten ihm den Sound seiner Buell verstärkt zurück. Richie sah das Ortsschild von Daun auf sich zukommen. Die Straße führte um den Ortskern herum, aber er wollte kein Risiko eingehen und nahm Gas weg. In diesem Moment raste ein schwarzer Schatten an ihm vorbei. Viel konnte er nicht erkennen: dunkles Leder, eine verkleidete Maschine und ein hochgebogenes Kennzeichen. Der Dark Rider! Richie hoffte, dass in den nächsten Minuten keine Einwohner von Daun die Straße überqueren wollten, schaltete herunter und gab wieder Gas.

11:41 Uhr
Axel bremste vor dem Haus der rothaarigen Frau, bis das blockierende Hinterrad zu rutschen begann. Er fuhr am Zaun vorbei zu der Abzweigung auf die Straße. Ein schwarzer Kopf und zwei Pfoten erschienen plötzlich über dem Zaunrand. Der Hund rannte kläffend mit ihm bis zum Ende des Grundstücks. *Cora, Freundin aller Motorradfahrer!*, grüßte Axel in Gedanken. Bevor er die scharfe Abzweigung um die Scheune nahm, blickte er kurz auf den Zündschlüssel mit dem fremden Blechanhänger. Woran sollte der ihn noch mal erinnern? Er nahm den kurzen Anstieg bis zur Kuppe des Hügels. Zwanzig Meter weiter unten lief die Straße entlang. Axel wusste nicht, in welcher Richtung Wheelie und der Dark Rider um den Rundkurs fahren würden. Die erste Kurve, die er untersucht hatte, lag rechts von ihm, die zweite links. In welche Richtung sollte er

fahren? Die Entscheidung wurde ihm abgenommen. Ein schwarzes Motorrad fuhr sehr schnell auf der Straße unter ihm nach rechts vorbei. Kurz dahinter jagte eine Buell durch die Kurve. Axel bekam eine Gänsehaut. Die Startflagge war hochgegangen. Sein Körper gab eine Riesendosis Adrenalin frei. Axel ließ die Z aufheulen und stürzte sich den Hügel herunter.

11:42 Uhr
Don sah die schmale Straße kurz hinter dem Ortsschild von Wallenborn erst im letzten Moment. Er machte eine Vollbremsung. Die Vordergabel tauchte fast bis zum Anschlag ein, der Geruch von verbranntem Gummi stieg auf. Schon fast auf Schritttempo verlangsamt, verlagerte Don sein Gewicht leicht nach vorne. Das Hinterrad kam hoch. Genau an der Abzweigung der Straße stand die Gixxer den Bruchteil einer Sekunde lang bewegungslos auf dem Vorderrad, dann drückte er das in der Luft schwebende Hinterrad nach rechts und landete in Fahrtrichtung der Abzweigung. Don fuhr zwanzig Meter durch ein Wäldchen, bis er auf die Straße stieß. Dort stand eine Polizei-BMW mit rotierendem Blaulicht. Der Polizist hatte sein Visier hochgeklappt und sah zu ihm herüber. Don hielt sich normalerweise von Polizisten fern, ganz besonders von Motorrad-Polizisten. Aber diesmal näherte er sich freundlich lächelnd. Er lenkte die Suzuki neben die BMW und blockierte den Rest der Straße.

11:44 Uhr
Axel war high. Seine Wahrnehmung bestand nur noch aus Jagdinstinkt und Geschwindigkeitsrausch. Er fuhr die Z an ihrem Limit, und dieses Limit lag jenseits seiner eigenen fahrerischen Fähigkeiten. Das Grün der Bäume und das Grau der Straße verwoben zu einem unscharfen Tunnel, in den er sich

kopfüber hineinstürzte. Er bremste, schaltete und verlagerte sein Gewicht in einem träumerischen, unangestrengten Fließen. Und dennoch kam er Richie und dem Dark Rider vor sich keinen Meter näher, der Abstand zu den beiden vergrößerte sich sogar von Kurve zu Kurve unmerklich. Er erinnerte sich an den Streckenverlauf. Bald würden sie die erste Unfallkurve erreichen. Danach konnte ihnen die Hayabusa des Dark Riders auf der geraden Strecke davonziehen.

Er gab noch einmal Gas, näherte sich der Kurve. Vor ihm wurde es plötzlich blau, dann rot. Er erkannte das Blaulicht der BMW und die Bremslichter der beiden Motorräder vor ihm und dann realisierte er, dass er schon mit aller Kraft bremste. Die Z richtete sich ein wenig auf und schoss weiter geradeaus. Er bremste noch stärker. Richie und der Dark Rider hatten zwei parallele schwarze Striche auf die Fahrbahn gemalt. Axel setzte seine Bremsspur genau in die Mitte dazwischen. Kurz vor der BMW kam er zum Stehen. Drei Motorräder standen alleingelassen um ihn herum, Richie, Paul und Don hingen am Dark Rider auf der schwarzen Hayabusa. Die Maschine fiel auf die Seite, als sie ihn aus dem Sattel zerrten. Richie und Don drehten dem Dark Rider die Arme auf den Rücken. Alle atmeten schwer und niemand sprach ein Wort. Paul trat mit Axel vor die gekrümmte Gestalt im schwarzen Lederzeug. Zum zweiten Mal an diesem Tag fummelte Paul an einem Helm herum. Vorsichtig zog er ihn mit beiden Händen über den Kopf des Dark Riders. Lange blonde Locken fielen über das Gesicht einer jungen Frau. Sie richtete sich auf und sah die Männer mit grünen Augen spöttisch an. Paul überwand seine Überraschung als Erster.

„Das ist doch der blonde Engel, den ich schon mal angehalten habe. Die Hayabusa, die nur bis zum fünften Gang gefahren wird!“

Zwei Motorgeräusche näherten sich aus unterschiedlichen Richtungen. Von links hämmerte ein Sound heran, an dem Axel eine Moto Guzzi erkannte. Er ahnte, wer es war, bevor er sich umdrehte. Karin Anger stellte die Le Mans ab und trat zu ihnen. Sie wand sich sofort an die blonde Frau in ihrer Mitte.

„Scheiße, Betty. Ich habe versucht, dich zu warnen, aber ich war nicht schnell genug."

Rechts von ihnen hörten sie das Geräusch brechender Äste und das wütende Hämmern eines Einzylinders. Tom brach mit der XT durch das Gebüsch. Beide waren schlammverschmiert und mit Blättern und Astwerk übersät. Offensichtlich hatte Tom einen direkten Weg genommen. Er blickte auf die Gruppe vor sich.

„Was machst du denn hier, Betty?", rief er überrascht.

„Ich versuche dieses miese Schwein zu kriegen, das in meinem Namen Biker hierher lockt und von der Straße drängt. Ich gebe zu, ich bin der Dark Rider, aber mit diesen Unfällen habe ich nichts zu tun."

Axel kam die Stimme bekannt vor. Er spürte sein Handy in der Brusttasche. Das genügte, um sich zu erinnern.

„Sie haben mich gestern mit verstellter Stimme angerufen!"

Die Frau nickte.

„Und woher kennst du sie, Tom?"

„Ich habe sie ein paar Mal bei AHS-Bike gesehen. Sie war die Freundin von Leo Nehls. Er hat ihr sogar die Hayabusa geschenkt. Aber dann haben sie sich gestritten und getrennt."

„Leo ist viel zu sehr Macho um damit klarzukommen, dass ich besser fahre als er und mich Sachen traue, vor denen er Schiss hat. Die meisten Männer haben damit ein Problem."

Sie sah Axel an und lächelte. Er war sich nicht sicher, wie das Lächeln gemeint war. Er kannte diese Art von Lächeln von Karin Anger. Er wand sich an sie.

„Sie wussten die ganze Zeit, wer der Dark Rider ist!"

„Natürlich. Aber sonst weiß das niemand. Noch nicht einmal Jan habe ich davon erzählt. Ihr Kerle könnt ja doch nicht schweigen. Und so macht es viel mehr Spaß, wenn man euch über die Fahrkünste des Dark Riders fachsimpeln hört. Nur Leo war im Bilde."

Betty nickte.

„Leo wollte, dass ich aufhöre, als Dark Rider Stunts zu fahren. Er behauptet, Angst um mich zu haben, aber er will mich bloß unter seiner Kontrolle haben. Das lasse ich mit mir nicht machen."

Axel erinnerte sich an ein Detail aus der Unfallakte.

„Gunnar Droste wurde aufgrund eines anonymen Anrufs gefunden. Eine Frau hat die Unfallstelle genau beschrieben. Das waren Sie!"

Betty nickte mit gesenktem Kopf.

„Damit hat alles angefangen. Beim ersten Mal habe ich tatsächlich Gunnar zum Rennen aufgefordert. Es waren mehrere Asphaltfresser mit im Chat, das haben viele mitbekommen. Auch die Ratte, die ihn auf dem Gewissen hat. Gunnar war anscheinend vor mir hier und hat Trainingsrunden gedreht. Ich habe auf ihn gewartet, aber er kam nicht. Ich dachte noch, dieses Großmaul kneift. Wenn er das doch bloß getan hätte ..."

Sie blickte wieder zu Boden. Tränen standen ihr in den Augen.

„Als ich zu der Kurve kam, sah ich den Helm am Straßenrand stehen. Ich habe Gunnar gefunden. Er war tot."

Sie starrte zu Boden. Als sie wieder aufsah, lag eine Mischung aus Wut und Verzweiflung in ihrem Blick.

„Ich bin kein Rennen mit ihm gefahren. Er hatte seinen Helm für die Trainingsrunden bestimmt nicht ausgezogen. Jemand anderes hat ihn von der Straße gedrängt, ihm danach den

Helm ausgezogen und erschlagen. Ich weiß nicht, wer so etwas tun würde. Ich war es nicht."

Axel hatte keinen Grund außer seiner Intuition, aber er glaubte ihr.

„Was war mit Jan Keimel und Markus Döhner? Warum haben Sie die zu Rennen aufgefordert, wenn das erste so tödlich ausgegangen war?"

„Aber das war ich doch gar nicht. Jemand anderes hat sich als Dark Rider ausgegeben. Von Jans Unfall habe ich erst aus der Zeitung erfahren. Jan hatte doppeltes Glück: Er lebte noch, als der Täter von ihm abließ, und dieser Bauer hat ihn schnell genug gefunden. Markus war so schlau, mich von der Herausforderung zu informieren. Wir wollten den Täter gemeinsam stellen. Ich konnte ja schlecht zur Polizei gehen, die hätten mir nie geglaubt."

Axel nickte.

„Es gibt keine Beweise für das, was Sie hier erzählen. Sie sind auf jeden Fall die Hauptverdächtige."

„Kommissar, hören Sie. Markus ist an dem Tag in die eine Richtung um diese Strecke gefahren, ich in die andere. Er ist auf den Mörder gestoßen. Als ich zu der Kurve kam, hörte ich gerade noch, wie sich Motorgeräusche entfernten. Der Mörder hat mich kommen hören und ist abgehauen. Wahrscheinlich hatte er festgestellt, dass Markus trotz Helm tot war, deshalb hat er ihn nicht abgenommen. Vielleicht habe ich ihn auch dabei gestört."

Richie unterbrach sie.

„Schluss jetzt mit dem Gequatsche! Es ist zwölf Uhr! Wir stehen hier nur herum. Wo ist Wheelie!?"

Axel erschrak. Eine Ahnung überkam ihn.

„Haben sie die drei hier in dieser Kurve gefunden? Oder in der anderen weiter vorne?"

Betty starrte ihn angsterfüllt an.

„Mein Gott! Natürlich in der nächsten Kurve. Wir müssen sofort dahin!"

Richie war schon auf dem Weg zur Buell. Axel wand sich an Paul.

„Du schiebst die Hayabusa von der Straße und nimmst die Frau hintendrauf mit. Wir warten dort."

Axel sprintete zur Z. Tom und Don waren schon unterwegs. Karin Anger wartete auf Paul und Betty.

Nach wenigen hundert Metern hatte er Tom überholt, bald war er mit Don auf einer Höhe. Als er neben ihm fuhr, sah Axel auf dem Seitendeckel der Gixxer einen Aufkleber mit einem Totenschädel, unter dem sich etwas kreuzte. Axel musste kurz bremsen, weil sie Richie eingeholt hatten. Die drei fuhren leicht versetzt nebeneinander auf der gesamten Straßenbreite. Sie näherten sich der Kurve und nahmen Gas weg. Axel schoss vor und ging als Erster in die Kurve, hinter ihm Richie, dann Don. Er überquerte den Scheitelpunkt und konnte die Straße im Wald vor sich überblicken. Rechts am Straßenrand stand eine schwarze Kawasaki. Wheelies Fazer lag mitten auf der Straße. Wheelie saß mit aufgestellten Beinen auf dem Boden und ließ den Kopf zwischen die Knie hängen. Ein Motorradfahrer mit dunklem Visier beugte sich über ihn. Er versuchte, Wheelie den Helm auszuziehen.

Axel, Don und Richie hielten mit quietschenden Reifen. Wortlos umzingelten sie den Mann. Wheelie hockte weiter auf dem Boden und stöhnte, aber er schien nicht schwer verletzt zu sein.

Axel griff unter seine Achsel. Er bedauerte, die Walther nicht dabei zu haben.

„So, Freundchen, das Spiel ist aus. Zieh den Helm aus, damit wir dein verdammtes Gesicht sehen können!"

Der Mann hob langsam die Hände. Er brauchte lange, um den Verschluss an seinem Helm zu öffnen. Dann zog er ihn in einer raschen Bewegung vom Kopf. Axel blickte in die Augen von Leo Nehls.

„Leo Nehls, Sie sind verhaftet. Nehmen Sie die Hände hoch und drehen Sie sich um!"

Der schnaubte verächtlich und lachte. Richie drängte sich gegen den Mann, der jetzt mit erhobenen Händen mitten auf der Straße stand. Er schubste ihn vor die Brust und schrie ihn an.

„Was gibt es da zu lachen, du miese Ratte! Du hast drei meiner Kumpels auf dem Gewissen! Ich sollte dich mit einem Knüppel bearbeiten, so wie du es mit ihnen getan hast!"

Don umklammerte Richie von hinten und riss ihn zurück.

„Lass das Schwein. Der verdient nicht, dass du dir die Hände schmutzig machst. Kümmere dich lieber um Wheelie."

Tom, Karin Anger und Paul mit Betty hintendrauf bogen um die Kurve. Sie stellten ihre Motorräder ab und kamen zu ihnen herüber. Betty wurde bleich, als sie Leo Nehls sah.

„Das kann nicht sein. Leo, was machst du hier?"

Der Mann lächelte immer noch überheblich.

„Schön, dass mich das mal jemand fragt. Der Kommissar hier ist wie immer übereifrig. Ich habe die Meldung im Asphaltfresser-Forum gesehen. Ich wollte den Typen stellen, der in deinem Namen Leute umbringt und deine Unschuld beweisen."

Axel verlor die Geduld.

„Jetzt reicht es. Wir haben genau gesehen, dass Sie Wheelie gerade den Helm ausziehen wollten. Sie müssen ihn zu Fall gebracht haben."

„Das ist Quatsch. Als ich um die Ecke bog, lag Wheelie schon auf dem Boden. Ich wollte ihm helfen."

Vom Boden kam eine gepresste Stimme. Don hatte Wheelie

den Helm ausgezogen und Wheelie sprach, während er sich mit beiden Händen die Brust hielt.

„Es stimmt, was er sagt. Er hat nichts damit zu tun."

Seine Stimme versagte und er rang nach Atem.

Alle schwiegen überrascht. In der Stille hörten sie Vögel zwitschern. Von irgendwo drang leises Hupen herüber. Wheelie sprach mühsam weiter.

„Ich war hier, um die Strecke kennenzulernen. Es war kurz vor zwölf Uhr. Ich dachte, der Dark Rider kommt nicht mehr, der hat Angst, gegen mich zu verlieren. Also habe ich Wheelies geübt. Als ich genau hier an dem kleinen Waldweg war, kam er hervorgeprescht. Keine Ahnung, ob er auch in der ersten Runde schon da stand. Ich habe ihn hinter der Blätterwand erst gesehen, als er losfuhr. Er kam wie eine Wand auf mich zu. Der hätte mich glatt von der Straße gefegt. Vor Schreck habe ich noch mehr Gas gegeben und ein extremes Wheelie gemacht."

Er lächelte versonnen.

„Das hättet ihr sehen sollen. Das perfekte Wheelie! Mein Vorderrad stand senkrecht in der Luft! Ich war total überrascht. Der Typ wohl auch. Plötzlich war ich nicht mehr in seiner Schusslinie. Der ist quasi unter mir durchgezogen wie nix Gutes. Mit vollem Schwung auf der anderen Seite den Hang runter. Meine Landung war dann leider nicht so perfekt. Die muss ich wohl noch üben. Aber das Wheelie, Leute, war erste Sahne!"

Er sah zu ihnen hoch. Axel und Paul waren schon auf dem Weg zum Straßenrand. Ein Viereck war in das Gebüsch gestanzt. Die Böschung ging steil hinunter in das Wäldchen. Unten erkannten sie im dunklen Zwielicht einen grünen Geländewagen. Sie rutschten auf Händen und Füßen den glatten Hang herunter und umrundeten das Auto. Die Vorderscheibe war gesplittert, durch das wirre Mosaikmuster des Glases sahen sie von innen Blut auf der Scheibe leuchten. Paul zerrte an der Fahrertür. Sie war verklemmt und Axel musste helfen, sie aufzustemmen. Ein grüner Jägerhut kullerte heraus und fiel ihm vor die Füße. Der Fahrer war mit voller Wucht gegen die Scheibe geprallt. Sein Oberkörper lehnte über dem Lenkrad, das Gesicht war weggedreht, so dass sie nur den Hinterkopf sehen konnten. Axel war froh darüber. Er starrte auf die Büschel roter Haare, die links und rechts einer Glatze über den Ohren aufragten. Diese Haare hatte er schon einmal gesehen. Er suchte am Hals des Mannes nach einem Pulsschlag, lies es aber bald sein. Der Autofahrer war tot. Gedankenverloren bückte Axel sich, um den grünen Hut aufzuheben.

Plötzlich wurde ihm schwindelig. Er lehnte sich mit dem Rücken gegen den Geländewagen und schloss die Augen.

Paul legte ihm eine Hand auf den Oberarm.

„Was ist los, Kommissar? Ist Ihnen nicht gut?"

Axel legte den Kopf in den Nacken und sah hoch zu den Baumwipfeln.

„Das Leben ist manchmal schon merkwürdig, Kollege. Das hier ist der Vater einer tödlich verunglückten jungen Frau. In den Unfall war ein Motorradfahrer aus dem Asphaltfresser-Forum verwickelt. Es sieht so aus, als hätte der Mann den Verlust seiner Tochter nicht verkraftet. Offensichtlich hat er sich vorgenommen alle zu bestrafen, die zu schnell auf Landstraßen unterwegs sind. Zumindest alle, die mit einem Rennen auf Leben und Tod einverstanden sind. Er hat sie hierher gelockt, ihnen aufgelauert und sie mit dem Geländewagen von der Straße gedrängt. Gunnar Droste und Jan Keimel hat er anschließend den Helm ausgezogen und auf sie eingeschlagen."

Paul blickte auf den Jägerhut in Axels Hand.

„Und wieso kannte der sich mit den Asphaltfressern und dem ganzen Internetkram aus?"

Axel seufzte.

„Weil das Leben wie gesagt manchmal merkwürdig ist. Der Mann betrieb ein Internet-Café. Und zwar in meiner Stamm-Tankstelle. Ich befürchte, die wird jetzt geschlossen werden."

Paul und Axel kämpften sich die Böschung hoch zurück zu den anderen. Wheelie stand wieder aufrecht und inspizierte seine Fazer. Don und Richie hielten sich weiter in Greifweite von Leo Nehls. Axel trat zu ihnen.

„Wir müssen zwar alles noch genau untersuchen, aber es sieht so aus, als hätten sowohl Leo Nehls als auch Betty nichts mit den Unfällen zu tun."

Er fing einen Blick von Karin Anger auf und nickte ihr zu. Sie hatte doch auf der richtigen Seite gestanden.

„Da unten liegt ein toter Autofahrer. Ich habe den starken Verdacht, dass der Mann ein Motiv für die Tat gehabt hat. Die drei Unfallopfer hat kein Motorradfahrer auf dem Gewissen."

Leo Nehls blickte ihm finster in die Augen.

„Und auch kein Mitglied der Lucky Joker oder des Black Rebel Motorcycle Clubs. Wie ich es Ihnen gesagt habe, Kommissar. Aber Sie wollten mir ja nicht glauben. Genauso wenig wie das Loch in meiner Scheibe von einer Kugel stammt. Wenn Sie irgendetwas anderes behaupten, ohne Beweise zu haben, hören Sie ganz schnell von meinem Anwalt."

Axel ließ den Mann reden. Eine andere Sache war ihm gerade wichtiger. Er wand sich an Don.

„Ich habe eben den Aufkleber an der Suzuki gesehen. Du bist also auch im Black Rebel Motorcycle Club?"

Don sah ihn an, als wollte Axel ihn hochnehmen.

„Kommissar, Sie interessieren sich nicht besonders für alte Filme, kann das sein? Kennen Sie *The Wild One* aus den Fünfzigern, mit Marlon Brando?"

Axel sah plötzlich den BMW-Fahrer mit der klassischen Lederjacke auf der Autobahn vor sich. Natürlich kannte er den Film. Marlon Brando war der Anführer einer Gang von Motorradfahrer und legte sich mit den braven Bürgern einer Kleinstadt an. Die Gang nannte sich ... Axel hob die Hände und signalisierte Don, nicht weiterzureden.

„Schon gut. Es tut weh, wenn man blöd ist. Und die Emaille-Schilder und Aufkleber?"

„Die gab es vor einiger Zeit bei Louis im Ramsch für zehn Euro. Die sind hübsch und der Name ist geil. Aber das ist nur ein Gag und sonst nichts."

Pauls Funkgerät an der BMW quakte. Axel besprach sich mit Paul und rief dann alle zu sich.

„Wir fahren jetzt die Hayabusa holen und dann nach Daun zur Polizeiwache. Kommt bitte alle mit, ich brauche eure Aussagen. Paul kehrt in der Zwischenzeit mit Kollegen aus Daun hierher zurück und kümmert sich um das Auto."

Er wandte sich an Betty. Ihre grünen Augen sahen ihn erwartungsvoll an. Axel fragte sich, ob er sich ohne Paul weniger wie ein Kommissar und mehr wie ein Biker verhalten würde, der Respekt vor dem Dark Rider hat. Glücklicherweise stand dies nicht zur Debatte.

„Der Dark Rider wird für eine sehr lange Zeit Straßenbahn fahren müssen. Ganz sicher läuft es auch auf eine Vorstrafe hinaus. Die Hayabusa können Sie jedenfalls Leo Nehls zurückgeben."

Karin Anger legte einen Arm um Betty.

„Straßenbahn fahren ist nicht besonders nett. Aber du kannst auf meiner Guzzi fahren. Als Sozia!"

Weil er gerade so gut in Schwung war, gab Axel auch Leo Nehls gleich noch eine Breitseite.

„Es sieht so aus, als seien die Mitglieder des Black Rebel Motorcycle Clubs heißblütig und unvernünftig genug, eine Herausforderung des Dark Riders anzunehmen, aber sie sind keine organisierte Hehlerbande. Das bedeutet, dass jemand anderes hinter den Diebstählen stecken muss. Ich werde dafür sorgen, dass alle Diebstähle von AHS-Maschinen neu untersucht werden. Kann sein, dass Sie dann tatsächlich einen Anwalt brauchen."

Höchstwahrscheinlich war Leo Nehls nicht so unprofessionell, gestohlene Teile in seiner Werkstatt zu lagern, aber Torsten Krauss und seine Kollegen würden sich AHS-Bike genau ansehen. Viel mehr konnte er im Moment nicht tun.

Axel sah sich um. Der Wald strahlte im schönsten Sommerlicht. Es wäre schade um diesen Sommertag, wenn er nach den Formalitäten in Daun sofort zurück nach Köln fahren würde. Die rothaarige Frau in Trittscheid fiel ihm ein. Vielleicht sollte er Cora besuchen. Und nach einer Tasse Kaffee fragen. Axel fand die Idee ganz ausgezeichnet.

35.

Wheelies Fazer brauchte ein paar Versuche, bis sie wieder lief. Nach und nach starteten alle ihre Motorräder. Axel ging zur Z und setzte sich auf die Maschine. Er zog Helm und Handschuhe an und griff zum Zündschlüssel. Der gelbe Blechanhänger klapperte gegen den Schlüssel. Durch den Lärm der laufenden Motoren hörte Axel ganz schwach einen einzelnen Hupton. Er blickte hoch in die Richtung, aus der das Geräusch gekommen war. Axel ließ den Zündschlüssel los und kickte den Seitenständer wieder heraus. Mit langen Schritten rannte er in den Wald.

Frank Marx

Frank Marx wurde innerhalb der Kölner Ringe geboren und treibt sich seitdem in der Domstadt herum. Beruflich ging es bei ihm immer irgendwie um Bücher, nach einiger Zeit auch ums Schreiben. *Tödliche Schräglage* ist sein erster Motorrad-Krimi und sein sechstes Buch unter verschiedenen Pseudonymen. Frank Marx bewegt das ganz Jahr über Motorräder auf Rennstrecken, Landstraßen und in der Stadt. Krimi schreiben und Motorrad fahren betreibt er mit ähnlicher Leidenschaft. Das Motorradfahren ist ja auch genauso spannend wie ein guter Krimi ...